BRUNO GADOLA

OLTRE L'ORIZZONTE :

ESPLORANDO LE FRONTIERE DELL'INTELLIGENZA ARTIFICIALE

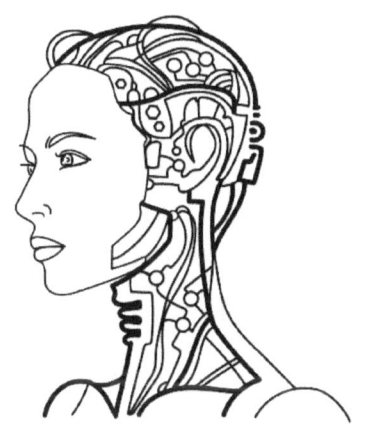

BRUNO GADOLA

BRUNO GADOLA

Copyright © 2024 by Bruno Gadola

OLTRE L'ORIZZONTE :

ESPLORANDO LE FRONTIERE DELL'INTELLIGENZA ARTIFICIALE

Tutti i diritti riservati.

Le leggi italiane sul diritto d'autore prevedono la produzione di quest'opera.

Ad eccezione delle brevi citazioni incluse nelle recensioni critiche e di alcuni altri usi non commerciali consentiti dalla legge sul copyright,

Nessuna parte di questa pubblicazione può essere riprodotta,

distribuito o trasmesso in qualsiasi forma o con qualsiasi mezzo,

comprese fotocopie, registrazioni o altri dispositivi elettronici

o metodi meccanici, senza preventiva scritta

permesso dell'autore, salvo quanto consentito

dalla legge italiana sul diritto d'autore.

Per richieste di autorizzazione contattare

Bruno Gadola

at: pit69bruno@gmail.com

BRUNO GADOLA

PREFAZIONE

Benvenuti in un viaggio attraverso le frontiere dell'intelligenza artificiale (IA) e della creatività. In questo libro, esploreremo insieme le potenzialità trasformative dell'IA e le sue implicazioni per il mondo della creatività umana.

L'IA sta rapidamente diventando una forza trainante nella nostra società, influenzando molteplici settori, dalla medicina all'arte, dall'istruzione all'economia. Tuttavia, il suo impatto va ben oltre l'efficienza e la produttività; essa apre le porte a nuove forme di espressione creativa e innovazione.

Attraverso le pagine di questo libro, scopriremo come l'IA possa fungere da alleato per gli artisti, ampliando il loro arsenale creativo e consentendo loro di esplorare territori prima inesplorati. Dalle sinfonie musicali generative alle opere d'arte visiva co-creative, dalle storie scritte in collaborazione con algoritmi alle creazioni di design innovative, l'IA offre una gamma infinita di possibilità creative.

Tuttavia, mentre ci immergiamo nelle potenzialità dell'IA, non possiamo ignorare le sfide etiche e sociali che essa porta con sé. La prefazione di questo libro invita alla riflessione critica su come possiamo sviluppare e utilizzare l'IA in modo etico e responsabile, mantenendo al centro i valori umani fondamentali.

Il nostro obiettivo è quello di ispirare una discussione informata e costruttiva sul ruolo dell'IA nella società e sulla sua interazione con la creatività umana. Speriamo che questo libro sia un punto di partenza per un dialogo che abbracci la diversità di prospettive e che guidi verso un futuro in cui l'IA e la creatività collaborino per il bene comune.

Buon viaggio!

BRUNO GADOLA

INTRODUZIONE

Vi siete mai chiesti come l'intelligenza artificiale potrebbe plasmare il vostro futuro e la vostra crescita personale? In un'epoca caratterizzata dall'abbondanza di informazioni e dalla pervasività della digitalizzazione, l'intelligenza artificiale (IA) si distingue come un catalizzatore di cambiamento senza precedenti. Grazie alla sua straordinaria capacità di analizzare grandi quantità di dati e identificare modelli complessi, l'IA si inserisce in una varietà di settori, offrendo soluzioni innovative volte a migliorare la qualità della vita.

Oltre alla sua abilità di analisi e apprendimento, l'IA si dimostra essere un prezioso alleato nello sviluppo personale, introducendo nuovi paradigmi per arricchire la nostra quotidianità. Questo libro esplorerà non solo l'impatto dell'IA in settori al di là della sanità, ma si immergerà anche nel rapporto tra sviluppo personale e intelligenza artificiale, mostrando come quest'ultima possa potenziare le nostre capacità, superare gli ostacoli e raggiungere i nostri obiettivi. Inoltre, andremo ad esaminare alcuni esempi concreti di come l'IA possa trasformare il nostro percorso di crescita personale. Consideriamo, ad esempio, il caso di una persona che desidera migliorare la propria gestione del tempo ed aumentare la produttività: l'IA potrebbe utilizzare strumenti di pianificazione automatizzati che analizzano le abitudini lavorative e suggeriscono strategie personalizzate per ottimizzare il tempo. In questo modo, l'intelligenza artificiale offre un considerevole supporto pratico e fornisce uno spunto di riflessione sulla propria organizzazione e sulle proprie priorità, contribuendo così a migliorare il nostro approccio alla gestione del tempo e alla massimizzazione della produttività. Analizzeremo come l'IA influenzi il nostro lavoro, liberando gli esseri umani da compiti meccanici e consentendo loro di concentrarsi su attività più creative e di alto valore aggiunto, stimolando così l'innovazione e la crescita economica. Attraverso esempi concreti, esploreremo come questa tecnologia stia trasformando la nostra capacità di crescita e realizzazione personale. Affronteremo anche le sfide e le questioni etiche legate all'uso dell'IA nello sviluppo personale, dalla protezione della privacy dei dati alla gestione della dipendenza tecnologica. Queste sfide richiedono un'analisi approfondita e l'adozione di soluzioni o approcci mirati. Ad esempio, per proteggere la privacy dei dati, è essenziale implementare politiche di gestione dei dati rigorose e standard di sicurezza informatica. Nel contempo, è fondamentale promuovere una consapevolezza critica sull'uso dell'IA per mitigare la dipendenza tecnologica e garantire un utilizzo equo ed etico di questa potente tecnologia. In conclusione, questo libro si propone di illuminare il potenziale innovativo dell'intelligenza artificiale nel campo dello sviluppo personale e in settori come la ricerca scientifica, la sanità, l'istruzione, la sicurezza e la sostenibilità ambientale. L'intelligenza artificiale, infatti, è in grado di rivoluzionare questi campi in modo significativo: in campo scientifico, l'IA accelera la ricerca scoprendo nuovi farmaci, individuando pattern nascosti nei dataset e facilitando la simulazione di fenomeni complessi; nel settore sanitario, trasforma la diagnosi e il trattamento delle malattie, permettendo una medicina personalizzata e ottimizzando l'efficienza dei sistemi sanitari; nell'istruzione, apre nuove opportunità per personalizzare l'apprendimento, ampliando l'accesso a un'istruzione di qualità; riguardo alla sicurezza, contribuisce a prevenire minacce fisiche e digitali, garantendo la protezione delle reti informatiche e agevolando la sorveglianza urbana; infine, nell'ambito della sostenibilità ambientale, fornisce strumenti per gestire in modo più efficiente le risorse naturali e affrontare sfide ambientali complesse. Queste potenzialità dell'IA evidenziano la sua crescente importanza e il suo ruolo trasformativo in molteplici settori, offrendo ai lettori una visione completa sulle implicazioni di questa tecnologia nel nostro futuro. Ora, più che mai, è il momento di fare un passo avanti! Bisogna, dunque, approfittare delle conoscenze e delle prospettive che questo testo offre per integrare l'intelligenza artificiale nella vostra vita e diventare protagonisti attivi in un viaggio verso l'innovazione.

CAPITOLO 1

FONDAMENTI DELL'INTELLIGENZA ARTIFICIALE

1.1 COS'È L'INTELLIGENZA ARTIFICIALE (IA)?

L'Intelligenza Artificiale (IA) rappresenta il campo della scienza che si dedica alla creazione di macchine capaci di eseguire compiti che richiedono intelligenza umana, come il ragionamento, l'apprendimento e l'interazione con l'ambiente circostante. Questi sistemi si avvalgono di algoritmi e modelli matematici per analizzare dati complessi, individuare pattern e prendere decisioni autonome. L'obiettivo principale dell'IA è replicare o addirittura superare le capacità cognitive umane in diversi contesti, consentendo alle macchine di adattarsi e migliorare le proprie prestazioni nel tempo. Le applicazioni dell'IA spaziano dal riconoscimento vocale alla visione artificiale, dalla guida autonoma ai sistemi di raccomandazione e molto altro ancora. In costante evoluzione, l'IA continua a introdurre nuove tecnologie e approcci che ampliano il suo campo di applicazione e il suo impatto sulla società.

1.2 STORIA DELL'INTELLIGENZA ARTIFICIALE

L'Intelligenza Artificiale (IA) ha una storia lunga e complessa che affonda le radici nel pensiero umano fin dall'antichità. Tuttavia, l'IA come la conosciamo oggi è emersa nel 1956, quando il termine stesso è stato coniato per la prima volta. Durante un workshop presso la Dartmouth College, John McCarthy, Marvin Minsky, Nathaniel Rochester e Claude Shannon introdussero il concetto di "Intelligenza Artificiale", avviando così quello che sarebbe diventato un campo di studio cruciale per l'evoluzione della tecnologia moderna.

Negli anni '50 e '60, i ricercatori si sono concentrati principalmente su problemi legati alla teoria dell'informazione, alla logica simbolica e alla teoria dei giochi, cercando di sviluppare algoritmi in grado di simulare l'intelligenza umana. Uno dei primi successi significativi è stato il programma "Logic Theorist", sviluppato da Allen Newell e Herbert A. Simon nel 1955, che poteva dimostrare teoremi matematici.

Negli anni '60 e '70, l'IA ha visto la nascita di numerosi progetti ambiziosi, inclusi SHRDLU (1970), un programma di comprensione del linguaggio naturale sviluppato da Terry Winograd, e il sistema di diagnosi medica MYCIN (1972), creato da Edward Shortliffe. Questi successi hanno alimentato un'ottimistica visione del futuro, portando molti a credere che saremmo stati circondati da intelligenze artificiali entro pochi anni.

Tuttavia, negli anni '80 e '90, l'entusiasmo iniziale intorno all'IA ha subito un rallentamento notevole. L'IA non ha fornito i risultati sperati, e ciò ha portato a un periodo noto come "Inverno dell'IA". Molti progetti furono abbandonati a causa delle aspettative irrealistiche e della mancanza di potenza di calcolo adeguata.

BRUNO GADOLA

La rinascita dell'IA ha avuto luogo negli anni 2000, grazie a una combinazione di fattori, tra cui l'aumento della potenza di calcolo, la disponibilità di enormi set di dati e lo sviluppo di algoritmi più sofisticati, in particolare quelli basati sul concetto di "Apprendimento Profondo" (Deep Learning). Nel 2011, il team di Geoffrey Hinton riuscì a dimostrare che le reti neurali profonde avrebbero potuto essere addestrate in modo efficace, un passo che ha segnato l'inizio di una nuova era per l'IA.

Oggi, l'Intelligenza Artificiale è una realtà diffusa che influenza ogni aspetto della nostra vita quotidiana, dalle ricerche su Internet ai sistemi di assistenza vocale e alla guida autonoma. L'evoluzione dell'IA continua ad accelerare, con sviluppi significativi che si verificano a una velocità mai vista prima, aprendo nuove porte a un futuro in cui l'IA diventerà sempre più integrata nella società e nella vita quotidiana.

L'interesse per l'IA è stato alimentato non solo dal desiderio di creare macchine intelligenti, ma anche dalla necessità di comprendere meglio il funzionamento del cervello umano. Questo approccio, noto come "Intelligenza Artificiale ispirata al cervello", mira a imitare la struttura e il funzionamento del cervello umano. I progressi nella neuroscienza e nella tecnologia informatica hanno portato a una maggiore comprensione della mente umana e hanno permesso lo sviluppo di algoritmi di apprendimento automatico sempre più avanzati.

1.3 APPROCCI ALL'INTELLIGENZA ARTIFICIALE

L'Intelligenza Artificiale (IA) è stata affrontata attraverso vari approcci nel corso degli anni. Questi approcci spaziano da modelli simbolici e basati sulla conoscenza a modelli più recenti che si basano sull'apprendimento automatico e sulle reti neurali artificiali.

L'approccio simbolico si basa sulla manipolazione di simboli e regole logiche per emulare l'intelligenza umana. Questo approccio include i Sistemi Esperti, che utilizzano una base di conoscenza esplicitamente codificata per prendere decisioni in un determinato dominio. Un esempio famoso è MYCIN, un sistema di diagnosi medica sviluppato negli anni '70 da Edward Shortliffe. Un altro elemento chiave di questo approccio è la Rappresentazione della Conoscenza, che codifica la conoscenza umana in linguaggi come il Prolog, consentendo ai computer di manipolarla.

ESEMPIO:

SISTEMA ESPERTO: MYCIN

DESCRIZIONE: MYCIN è stato uno dei primi sistemi esperti nel campo della medicina. Sviluppato negli anni '70 da Edward Shortliffe, era progettato per diagnosticare le infezioni del sangue.

FUNZIONAMENTO: MYCIN utilizzava una base di conoscenza esplicitamente codificata e regole logiche per prendere decisioni diagnostiche. Gli utenti inserivano i sintomi e MYCIN formulava delle domande per raffinare la diagnosi.

BRUNO GADOLA

RAPPRESENTAZIONE DELLA CONOSCENZA: Prolog

DESCRIZIONE: Prolog è un linguaggio di programmazione dichiarativo orientato alla logica, utilizzato per rappresentare la conoscenza e per l'inferenza automatica.

APPLICAZIONE: È stato utilizzato in una vasta gamma di applicazioni, dall'elaborazione del linguaggio naturale alla progettazione di sistemi esperti.

Questo esempio mostra come MYCIN, uno dei primi sistemi esperti nel campo della medicina, utilizzasse l'approccio simbolico. MYCIN era progettato per diagnosticare le infezioni del sangue. Funzionava chiedendo all'utente una serie di domande e utilizzando una base di conoscenza esplicitamente codificata e regole logiche per prendere decisioni diagnostiche. La sua base di conoscenza era codificata utilizzando Prolog, un linguaggio di programmazione orientato alla logica, che consente ai computer di manipolare la conoscenza umana. Prolog è stato utilizzato in una vasta gamma di applicazioni, dall'elaborazione del linguaggio naturale alla progettazione di sistemi esperti, fornendo un'efficiente rappresentazione della conoscenza per il sistema MYCIN.

Per quanto riguarda l'"approccio basato sull'apprendimento automatico, o machine learning, consiste nell'addestrare i computer a imparare dai dati senza essere esplicitamente programmati. Questo approccio include l'Apprendimento Supervisionato, che si basa su input e output etichettati per apprendere la relazione tra di essi. Ad esempio, un algoritmo di apprendimento supervisionato potrebbe essere addestrato per riconoscere le immagini di gatti mostrate con l'etichetta "gatto". L'Apprendimento Non Supervisionato, invece, trova modelli o strutture significative nei dati senza etichette predefinite, mentre l'Apprendimento Semi-Supervisionato è un ibrido dei due approcci sopra menzionati, utilizzando sia dati etichettati che non etichettati per l'addestramento del modello.

ESEMPIO:

APPRENDIMENTO SUPERVISIONATO: Riconoscimento delle immagini

DESCRIZIONE: Addestramento di un modello per riconoscere le immagini di gatti.

FUNZIONAMENTO: Utilizzando un dataset di immagini di gatti e altre categorie, un algoritmo di apprendimento supervisionato viene addestrato per associare correttamente le immagini etichettate come "gatto".

In questo esempio, il modello di apprendimento viene addestrato utilizzando un dataset di immagini di gatti insieme ad immagini di altre categorie (come cani, uccelli, auto, etc.). Ogni immagine nel dataset è etichettata come "gatto" o con la sua categoria corrispondente. L'algoritmo di apprendimento supervisionato impara le caratteristiche che contraddistinguono un gatto da altre categorie. Una volta addestrato, il modello sarà in grado di riconoscere se un'immagine contiene o meno un gatto.

APPRENDIMENTO NON SUPERVISIONATO: Clustering

DESCRIZIONE: Identificare automaticamente i gruppi omogenei in un insieme di dati.

FUNZIONAMENTO: Un esempio comune è l'algoritmo di clustering K-Means, che raggruppa i dati in cluster in base alla somiglianza.

In questo esempio, un algoritmo di clustering, come K-Means, viene utilizzato per raggruppare i dati in cluster basati sulla somiglianza. Nel contesto del riconoscimento delle immagini, possiamo utilizzare l'apprendimento non supervisionato per trovare cluster di immagini simili senza fornire etichette predefinite. Ad esempio, se diamo in input algoritmo di clustering un insieme di immagini di diversi animali, non ci aspettiamo che ci dica quali animali siano presenti. Invece, l'algoritmo raggrupperà le immagini in base alle loro caratteristiche comuni, come il colore, la forma, ecc.

APPRENDIMENTO SEMI-SUPERVISIONATO: Classificazione delle email

DESCRIZIONE: Classificazione delle email come spam o non spam.

FUNZIONAMENTO: Utilizzando un insieme di dati di email etichettate, insieme ad alcune email non etichettate, un modello viene addestrato per classificare le email in base alla loro probabilità di essere spam.

In questo esempio, utilizzando un insieme di dati di email etichettate come spam o non spam, insieme ad alcune email non etichettate, un modello viene addestrato per classificare le email in base alla loro probabilità di essere spam. Il modello apprende dalle email etichettate, comprendendo quali caratteristiche sono comuni alle email spam e quali alle email non spam. Successivamente, utilizza queste informazioni per etichettare le email non etichettate. In questo modo, anche senza etichettare ogni singola email, siamo in grado di ottenere una classificazione accurata delle email come spam o non spam.

Altrettanto interessante, è l'approccio basato sulla connessione prende ispirazione dal funzionamento del cervello umano e si basa sulla costruzione di Reti Neurali

Artificiali (ANN), composte da neuroni artificiali che imitano il modo in cui il cervello umano processa le informazioni. Le reti neurali artificiali sono ampiamente utilizzate in applicazioni di riconoscimento di pattern, elaborazione del linguaggio naturale, elaborazione delle immagini e altro ancora. Il Deep Learning, una sottocategoria dell'apprendimento automatico, ha rivoluzionato l'Intelligenza Artificiale, portando a progressi significativi in settori come il riconoscimento vocale, la visione artificiale e il trattamento del linguaggio naturale.

ESEMPIO 1:

RETI NEURALI ARTIFICIALI (ANN): Riconoscimento delle Immagini con CNN

DESCRIZIONE: Utilizzo delle reti neurali convoluzionali (CNN) per riconoscere gli oggetti nelle immagini.

FUNZIONAMENTO: Una CNN apprende automaticamente le caratteristiche delle immagini durante il processo di addestramento.

DEEP LEARNING: Trattamento del Linguaggio Naturale (NLP)

Le reti neurali convoluzionali (CNN) sono progettate principalmente per l'elaborazione di dati di tipo griglia, come immagini. Queste reti sono particolarmente efficaci nel riconoscimento di modelli e caratteristiche in immagini. L'architettura delle CNN è ispirata al modo in cui il cervello umano elabora e riconosce le immagini. Durante l'addestramento, una CNN apprende automaticamente i filtri che vengono applicati all'immagine di input, rilevando dettagli specifici dell'immagine.

Durante l'addestramento, la CNN apprende automaticamente i filtri che vengono applicati all'immagine di input. Questi filtri convoluzionali rilevano dettagli specifici dell'immagine. La CNN passa da rilevare bordi e forme semplici a riconoscere oggetti complessi e caratteristiche distinte. In breve, il processo avviene attraverso:

1. **CONVOLUTION (CONVOLUZIONE):** La rete applica filtri alle porzioni dell'immagine di input per catturare dettagli e tratti distintivi.
2. **POOLING**: Questa fase riduce la dimensionalità delle feature map generate durante la fase di convoluzione, rendendo la rete più efficiente e riducendo il rischio di overfitting.
3. **FULLY CONNECTED LAYERS (STRATI COMPLETAMENTE CONNESSI):** Le caratteristiche estratte vengono appiattite e passate attraverso uno o più strati completamente connessi per il riconoscimento finale dell'oggetto nell'immagine.

Per esempio, se vogliamo addestrare una CNN per riconoscere gatti nelle immagini, durante l'addestramento, la CNN imparerà automaticamente i tratti distintivi che contraddistinguono un gatto, come la forma delle orecchie o la presenza degli occhi. Successivamente, quando verrà presentata una nuova immagine, la rete sarà in grado di riconoscere se contiene o meno un gatto, basandosi sui tratti distintivi appresi durante l'addestramento.

ESEMPIO 2:

DESCRIZIONE: Elaborazione del linguaggio naturale per la traduzione automatica o la generazione di testi.

FUNZIONAMENTO: I modelli di deep learning come GPT (Generative Pre-trained Transformer) sono stati utilizzati in una vasta gamma di applicazioni NLP, come traduzione, riassunto e risposte automatiche.

Il Trattamento del Linguaggio Naturale (NLP) utilizza algoritmi di deep learning, come il GPT (Generative Pre-trained Transformer), per analizzare e generare testo in modo intelligente. I modelli di deep learning sono stati utilizzati in una vasta gamma di applicazioni NLP, come traduzione, riassunto e risposte automatiche. I modelli di deep learning per il NLP, come il GPT, utilizzano una tecnica chiamata trasformazione per processare il testo. In pratica, una rete neurale trasformatrice come il GPT viene addestrata su grandi quantità di testo e impara i modelli di linguaggio. Questi modelli possono quindi essere utilizzati per svolgere compiti specifici, come traduzione, generazione di testo o risposte ad una domanda.

ALCUNI ESEMPI POSSONO ESSERE:

- **TRADUZIONE AUTOMATICA**: Un modello di deep learning per il NLP, come il GPT, può essere addestrato per tradurre automaticamente il testo da una lingua all'altra. Durante l'addestramento, il modello impara i modelli di linguaggio di più lingue e, una volta addestrato, può tradurre il testo in modo coerente e accurato.
- **RIASSUNTO AUTOMATICO:** I modelli di deep learning possono anche essere utilizzati per generare riassunti automatici di testi lunghi. Durante l'addestramento, il modello impara a identificare le informazioni più rilevanti in un testo e a sintetizzarle in un breve riassunto.
- **RISPOSTE AUTOMATICHE:** I modelli di deep learning possono essere utilizzati per generare risposte automatiche a domande. Ad esempio, se viene posta una domanda al modello, il modello può generare una

risposta basata sul contesto e sulle informazioni apprese durante l'addestramento.

Questi esempi mostrano come i modelli di deep learning per il NLP possono essere utilizzati per una vasta gamma di compiti, consentendo di elaborare il linguaggio naturale in modo intelligente e automatizzato.

Infine, l'approccio evolutivo si basa sui principi della teoria dell'evoluzione. Gli algoritmi evolutivi vengono utilizzati per risolvere problemi di ottimizzazione e apprendimento. Include gli Algoritmi Genetici, utilizzati per risolvere problemi di ricerca e ottimizzazione, e la Programmazione Genetica, una forma di programmazione evolutiva in cui i programmi computerizzati sono evoluti per risolvere un problema.

ESEMPIO 1:

ALGORITMI GENETICI: Ottimizzazione dei Percorsi

DESCRIZIONE: Trovare il percorso più breve per visitare una serie di città.

FUNZIONAMENTO: Gli algoritmi genetici creano e manipolano una serie di soluzioni candidate, sottoponendole a "mutazioni" e "incroci" per ottenere soluzioni ottimali.

PROGRAMMAZIONE GENETICA: Creazione di un programma informatico per risolvere un problema

Gli algoritmi genetici (AG) sono utilizzati per risolvere problemi di ottimizzazione, come la ricerca del percorso più breve per visitare una serie di città.

Durante il funzionamento degli algoritmi genetici, vengono create e manipolate una serie di soluzioni candidate, sottoponendole a "mutazioni" e "incroci" per ottenere soluzioni ottimali.

- **INIZIALIZZAZIONE**: Inizialmente, vengono generate casualmente diverse soluzioni, che rappresentano possibili percorsi che visitano le città.
- **VALUTAZIONE**: Le soluzioni candidate vengono valutate in base a quanto sono buone (cioè quanto sono brevi le loro lunghezze totali).
- **SELEZIONE**: Le soluzioni migliori vengono selezionate come "genitori" per la generazione successiva.
- **CROSSOVER (INCROCI)**: Le soluzioni selezionate vengono combinate tra loro per creare nuove soluzioni, attraverso una sorta di "incrocio" genetico.
- **MUTAZIONE**: Alcune delle nuove soluzioni subiscono delle "mutazioni" casuali, cioè piccole modifiche casuali per mantenere la diversità genetica.
- **ITERAZIONE:** Questo processo viene ripetuto per diverse generazioni fino a quando non si trova una soluzione accettabile (o si raggiunge un limite di tempo prestabilito).

Per esempio, se vogliamo trovare il percorso più breve per visitare un insieme di città, un algoritmo genetico inizierà generando casualmente una serie di percorsi. Successivamente, verranno valutati e selezionati i percorsi migliori. Questi percorsi selezionati vengono poi combinati e modificati attraverso "incroci" e "mutazioni". Dopo diverse iterazioni, l'algoritmo genetico dovrebbe convergere verso il percorso più breve possibile.

ESEMPIO2:

DESCRIZIONE: Utilizzando la programmazione genetica per evolvere un programma che risolva un particolare problema.

FUNZIONAMENTO: Vengono create diverse generazioni di programmi candidati e vengono selezionati quelli più adatti per risolvere il problema, sottoponendoli a "mutazioni" e "incroci".

La programmazione genetica (PG) viene utilizzata per evolvere un programma che risolve un particolare problema.

Durante il funzionamento della programmazione genetica, vengono create diverse generazioni di programmi candidati e vengono selezionati quelli più adatti per risolvere il problema, sottoponendoli a "mutazioni" e "incroci".

INIZIALIZZAZIONE: Inizialmente, vengono generate casualmente diverse soluzioni (programmi), che rappresentano potenziali soluzioni al problema.

VALUTAZIONE: I programmi candidati vengono valutati in base a quanto sono efficaci nel risolvere il problema.

SELEZIONE: I programmi migliori vengono selezionati come "genitori" per la generazione successiva.

CROSSOVER (INCROCI): I programmi selezionati vengono combinati tra loro per creare nuovi programmi, attraverso una sorta di "incrocio" genetico.

MUTAZIONE: Alcuni dei nuovi programmi subiscono delle "mutazioni" casuali, cioè piccole modifiche casuali per mantenere la diversità genetica.

ITERAZIONE: Questo processo viene ripetuto per diverse generazioni fino a quando non si trova un programma accettabile (o si raggiunge un limite di tempo prestabilito).

Ad esempio, se vogliamo creare un programma che risolva un problema matematico complesso, la programmazione genetica inizierà generando casualmente una serie di programmi. Successivamente, verranno valutati e selezionati i programmi migliori. Questi programmi selezionati vengono poi combinati e modificati attraverso "incroci" e "mutazioni". Dopo diverse iterazioni, la programmazione genetica dovrebbe convergere verso un programma che risolve efficacemente il problema.

Ogni approccio ha i suoi punti di forza e di debolezza e viene utilizzato in base al tipo di problema che si sta affrontando. Negli ultimi anni, l'Intelligenza Artificiale ha fatto grandi passi in avanti soprattutto grazie all'apprendimento automatico e al deep learning, consentendo di raggiungere risultati impensabili solo qualche tempo fa.

BRUNO GADOLA

CAPITOLO 2

APPLICAZIONI PRATICHE DELL'INTELLIGENZA ARTIFICIALE

2.1 L'I.A. NEL MONDO DEL LAVORO: OPPORTUNITÀ E TRASFORMAZIONI

L'intelligenza artificiale (IA) rappresenta il campo della tecnologia dedicato alla creazione di sistemi informatici in grado di emulare le capacità cognitive umane, come il pensiero, la pianificazione, la comunicazione e l'apprendimento. Questi avanzamenti tecnologici migliorano la qualità della nostra vita, riducono i costi operativi e aumentano l'efficienza e la produttività. Tuttavia, persiste una certa preoccupazione riguardo al possibile impatto negativo dell'IA sul mercato del lavoro, specialmente nelle mansioni ripetitive e a basso livello.

In vari settori lavorativi, l'IA sta già provocando cambiamenti significativi e influenzerà il modo in cui svolgiamo le nostre attività in futuro. L'avvento dell'Intelligenza Artificiale generativa (IA), come ChatGPT, sta aprendo le porte per realizzare appieno il potenziale del lavoro da remoto o ibrido, riducendo la necessità delle visite in ufficio. L'IA si configura come una forza trasformativa che sta ridefinendo il concetto stesso di lavoro.

BRUNO GADOLA

Nel mondo del commercio al dettaglio e dell'e-commerce, l'IA sta rivoluzionando il modo in cui i rivenditori interagiscono con i propri clienti e gestiscono le loro operazioni. Attraverso l'analisi avanzata dei dati, l'IA permette ai rivenditori di ottenere una visione dettagliata dei comportamenti degli acquirenti, dalle loro preferenze di acquisto alle abitudini di navigazione online. Questa conoscenza approfondita consente ai rivenditori di personalizzare l'esperienza di acquisto per ogni singolo cliente, offrendo raccomandazioni di prodotti mirate e promozioni su misura.

Ma l'IA non si ferma qui. Grazie ai suoi algoritmi intelligenti, i rivenditori possono ottimizzare ogni aspetto della loro catena di approvvigionamento e logistica. Dall'efficienza nella gestione dell'inventario alla pianificazione delle consegne, l'IA aiuta i rivenditori a ridurre i costi operativi e garantire la consegna tempestiva dei prodotti ai clienti.

Ma forse una delle applicazioni più potenti dell'IA nel commercio al dettaglio è la sua capacità di prevedere le tendenze di mercato future. Analizzando enormi quantità di dati storici e in tempo reale, l'IA consente ai rivenditori di anticipare la domanda dei prodotti, identificare nuove tendenze di consumo e adattare dinamicamente i loro assortimenti e strategie di pricing per massimizzare i profitti.

Le aziende di commercio al dettaglio, inoltre, stanno sempre più sfruttando l'Intelligenza Artificiale per comprendere meglio i sentimenti e le opinioni dei clienti espressi sui social media. Questo approccio rapido ed efficiente sostituisce l'analisi manuale di grandi quantità di dati sociali.

Utilizzando algoritmi di analisi del linguaggio naturale e di apprendimento automatico, le aziende monitorano i social media per raccogliere post, commenti e recensioni. L'IA analizza poi questo contenuto per determinare il sentimento associato, sia positivo, neutro o negativo, e per cogliere sfumature più complesse di emozioni.

I risultati dell'analisi forniscono preziosi insights sulle opinioni dei clienti riguardo ai prodotti, servizi o esperienze di acquisto. Le aziende possono identificare tendenze emergenti, problemi comuni, aspetti apprezzati o criticati e altro ancora.

Con queste informazioni, i rivenditori possono adattare le loro strategie di marketing e comunicazione in modo più mirato, rispondendo meglio alle esigenze e alle preferenze dei clienti. Possono anche personalizzare l'esperienza del cliente, offrendo contenuti e offerte che rispecchiano gli interessi individuali.

Possiamo dire, quindi, che l'utilizzo dell'IA per l'analisi dei sentimenti dei clienti sui social media consente ai rivenditori di comprendere meglio il feedback dei clienti e di adattare le loro strategie in modo più efficace. Ciò si traduce in una maggiore capacità di soddisfare le esigenze dei clienti e di costruire relazioni più solide e durature con loro.

Prendiamo come esempio il caso di Stitch Fix che è un'azienda di moda online che offre un servizio di personal styling basato sull'IA. Il processo inizia con un questionario dettagliato che raccoglie le preferenze di stile, le taglie e il budget dei clienti. Utilizzando algoritmi avanzati, l'IA di Stitch Fix analizza queste informazioni insieme ai trend di moda e ai feedback passati.

Basandosi su questa analisi, l'IA seleziona una serie di capi di abbigliamento personalizzati per ogni cliente, che vengono inviati in una "scatola" di prova. Dopo aver provato i capi, i clienti forniscono feedback dettagliato tramite l'app di

BRUNO GADOLA

Stitch Fix, aiutando l'IA a comprendere meglio le loro preferenze.

Questo ciclo di feedback continuo consente a Stitch Fix di migliorare costantemente le sue raccomandazioni di moda. Inoltre, l'azienda impiega anche stilisti umani che collaborano con l'IA per offrire raccomandazioni ancora più precise e personalizzate.

In definitiva, Stitch Fix offre un'esperienza di shopping unica e personalizzata, rendendo il processo di ricerca di nuovi capi di abbigliamento più semplice e piacevole per i clienti.

Un altro esempio tangibile è il caso di Walmart e l'IA per la gestione dell'inventario, una delle più grandi catene di supermercati al mondo che ha adottato l'Intelligenza Artificiale per rivoluzionare la gestione dell'inventario nei suoi negozi. Utilizzando sofisticati algoritmi predittivi, l'IA di Walmart analizza enormi quantità di dati, inclusi storici di vendita, tendenze di mercato, previsioni meteorologiche e altri fattori influenti.

Grazie a questa analisi avanzata, l'IA è in grado di prevedere con precisione la domanda dei prodotti in ogni punto vendita. Questo consente a Walmart di ottimizzare l'approvvigionamento e la distribuzione dei prodotti, riducendo al minimo il rischio di sovra o sotto stock. In altre parole, i prodotti giusti sono disponibili al momento giusto e nei giusti quantitativi, massimizzando le vendite e riducendo gli sprechi.

Ma l'IA di Walmart va oltre la semplice previsione della domanda. Utilizzando anche dati in tempo reale, come transazioni di cassa e dati di vendita online, l'IA è in grado di adattarsi rapidamente ai cambiamenti nelle preferenze dei consumatori e nelle condizioni di mercato. Ciò significa che

Walmart può reagire prontamente alle tendenze emergenti e regolare dinamicamente la sua strategia di inventario per massimizzare i profitti.

Inoltre, l'IA aiuta Walmart a identificare modelli di vendita stagionali e tendenze di mercato, consentendo alla catena di approvvigionamento di pianificare in anticipo e prepararsi adeguatamente per periodi di picco, come le festività o gli eventi promozionali.

L'adozione dell'IA per la gestione dell'inventario non solo migliora l'efficienza operativa di Walmart, ma porta anche a una migliore esperienza complessiva per i clienti. I clienti trovano più facilmente i prodotti che cercano, riducendo il rischio di delusioni legate alla disponibilità dei prodotti.

In conclusione, l'uso dell'IA da parte di Walmart per la gestione dell'inventario è un esempio di come la tecnologia possa rivoluzionare il settore del commercio al dettaglio, portando a una maggiore efficienza, riduzione degli sprechi e soddisfazione del cliente.

Nel complesso, l'IA rappresenta un nuovo capitolo emozionante nel futuro del commercio al dettaglio, offrendo ai rivenditori un vantaggio cruciale e portando a una maggiore efficienza, riduzione degli sprechi e soddisfazione del cliente.

2.2 IMPLEMENTAZIONE DELL'IA NEI PROCESSI DI LAVORO

Ma cosa significa implementare l'IA nei processi di lavoro? Significa facilitare la condivisione di informazioni, migliorare la comunicazione e la collaborazione, incrementare produttività ed efficienza, sostenere la gestione delle conoscenze e lo sviluppo delle competenze, oltre a garantire sicurezza e privacy.

L'intelligenza artificiale non è solo il futuro, ma anche il presente. Nell'era del metaverso, la rivoluzione dell'IA sta compiendo progressi ancora più rapidi, aprendo le porte a un nuovo universo di opportunità. Ma come si presenta e cosa significa per il futuro del lavoro?

Esistono diversi campi dell'IA che hanno un impatto profondo nelle modalità lavorative attuali e nel modo in cui lavoreremo in futuro:

L'Automazione dei Processi Robotici (RPA) utilizza l'IA per automatizzare compiti ripetitivi e regolamentati, liberando gli esseri umani da compiti monotoni e consentendo loro di concentrarsi su mansioni più creative e complesse.

Il Machine Learning è una branca dell'IA che consente ai computer di imparare e migliorare l'esecuzione di compiti specifici senza essere esplicitamente programmati. Questo campo è cruciale per molte applicazioni, inclusi i motori di ricerca, i servizi di raccomandazione e l'analisi dei dati.

L'Elaborazione del Linguaggio Naturale (NLP) si occupa dell'interazione tra computer e linguaggio umano. Sta rivoluzionando il modo in cui interagiamo con i computer, consentendo la comprensione e la generazione di testi e discorsi umanoidi. Assistenti virtuali come Siri, Alexa e Google Assistant sono solo alcuni esempi.

La Visione Artificiale consente ai computer di identificare oggetti, volti e azioni all'interno di immagini o video. Ha applicazioni in diversi settori, tra cui sorveglianza, produzione e assistenza sanitaria.

BRUNO GADOLA

L'Analisi Predittiva utilizza algoritmi statistici e di machine learning per prevedere eventi futuri. Questo campo è utilizzato in molte industrie, inclusi l'e-commerce, il settore assicurativo e la manutenzione predittiva.

L'IA sta rivoluzionando la Simulazione e la Modellazione di sistemi complessi. Ad esempio, nell'ingegneria, nell'urbanistica e nella gestione delle risorse, i modelli basati sull'IA possono prevedere il comportamento dei sistemi in condizioni diverse.

Nel settore sanitario, l'Assistenza Sanitaria è trasformata dall'IA, che migliora la diagnosi medica, il monitoraggio dei pazienti e la gestione dei dati sanitari. L'analisi dei dati può rilevare pattern e anomalie difficilmente individuabili da medici umani.

L'IA è alla base dei Veicoli Autonomi, che stanno rivoluzionando il settore dei trasporti. Questi veicoli promettono di migliorare la sicurezza stradale e di ottimizzare il trasporto pubblico e merci.

L'IA sta rendendo i Robot Collaborativi più intelligenti e capaci di lavorare in collaborazione con gli esseri umani. In settori come la produzione e la logistica, i robot collaborativi possono aumentare l'efficienza e ridurre i rischi per i lavoratori.

Infine, l'integrazione tra Blockchain e IA potrebbe rivoluzionare la gestione dei dati, fornendo maggiore sicurezza, trasparenza e tracciabilità. Questa combinazione potrebbe avere un impatto significativo in settori come la finanza e la gestione della catena di approvvigionamento.

L'IA sta rivoluzionando le modalità lavorative attuali e plasmando il futuro del lavoro in molteplici settori. Nel corso del libro, esploreremo in dettaglio i vari aspetti principali di questo fenomeno.

Inoltre, l'IA sta rivoluzionando radicalmente il modo in cui le aziende gestiscono il supporto ai propri clienti. I chatbot alimentati dall'IA rappresentano una delle applicazioni più tangibili e visibili dell'IA nel campo del customer service. Funzionano automatizzando diverse fasi dell'assistenza clienti e stanno trasformando radicalmente il modo in cui le aziende gestiscono il supporto ai propri clienti.

L'IA sta rivoluzionando le modalità lavorative attuali e plasmando il futuro del lavoro in molteplici settori. Nel corso del libro, esploreremo in dettaglio i vari aspetti principali di questo fenomeno.

Inoltre, l'IA sta rivoluzionando radicalmente il modo in cui le aziende gestiscono il supporto ai propri clienti. I chatbot alimentati dall'IA rappresentano una delle applicazioni più tangibili e visibili dell'IA nel campo del customer service. Funzionano automatizzando diverse fasi dell'assistenza clienti e stanno trasformando radicalmente il modo in cui le aziende gestiscono il supporto ai propri clienti.

Automatizzano le interazioni di base, gestendo domande e richieste di routine come informazioni sui prodotti o gli orari di apertura, fornendo risposte istantanee ed eliminando lunghe attese. Inoltre, guidano i clienti attraverso la risoluzione dei problemi comuni, offrendo istruzioni dettagliate o suggerendo alternative quando necessario, migliorando così l'esperienza del cliente. Quando un problema supera le capacità del chatbot, instradano la richiesta al personale umano qualificato, garantendo assistenza specializzata senza prolungati tempi di attesa. Raccogliendo dati sui clienti durante le interazioni, personalizzano l'esperienza offrendo suggerimenti basati sullo storico di acquisti o sulle preferenze individuali. Con la disponibilità

BRUNO GADOLA

24/7, sono sempre pronti ad assistere i clienti, migliorando notevolmente l'accessibilità al supporto.

Queste implementazioni hanno dimostrato di migliorare l'efficienza del servizio clienti, riducendo i tempi di attesa e fornendo risposte rapide e accurate. Tuttavia, è cruciale mantenere un equilibrio tra automazione e interazione umana per garantire un supporto completo e di alta qualità.

Numerosi esempi dimostrano il successo di questa tecnologia. Ad esempio, Sephora, il rivenditore di prodotti di bellezza, ha implementato un chatbot su Facebook Messenger chiamato "Sephora Virtual Artist". Questo chatbot consente ai clienti di provare virtualmente i prodotti di trucco e ricevere consigli personalizzati sulle tendenze di bellezza e sui prodotti da acquistare. Domino's Pizza ha introdotto "Dom", il suo chatbot per l'assistenza clienti. I clienti possono effettuare ordini, tracciare lo stato della consegna e risolvere eventuali problemi attraverso questa piattaforma. Dom è stato un successo nel migliorare l'esperienza complessiva del cliente e nell'accelerare il processo di ordinazione. KLM e H&M hanno entrambi lanciato assistenti virtuali per migliorare l'esperienza del cliente nei rispettivi settori: KLM Royal Dutch Airlines a lanciato un chatbot su Facebook Messenger per fornire assistenza ai passeggeri. Il chatbot fornisce informazioni sui voli, aiuta con il check-in online, invia notifiche in tempo reale sui voli e risponde alle domande dei passeggeri. Questo ha permesso a KLM di migliorare l'esperienza del cliente e ridurre il carico di lavoro del personale; H&M, invece, ha introdotto un assistente virtuale chiamato "Ask Anna" sul suo sito web e sull'app. Gli utenti possono chiedere consigli su stile, taglie, disponibilità di prodotti e altro ancora. Ask Anna utilizza l'IA per comprendere le domande degli utenti e fornire risposte accurate, migliorando così l'esperienza di shopping online. Infine, Bank of America ha lanciato "Erica", un assistente virtuale alimentato dall'IA, per aiutare i clienti con le loro esigenze bancarie. Erica consente ai clienti di gestire conti, pianificare budget, effettuare pagamenti e altro ancora, il tutto attraverso una conversazione naturale. Questo ha reso più conveniente per i clienti gestire le proprie finanze senza dover visitare una filiale bancaria.

Questi sono solo alcuni esempi di come le aziende stanno utilizzando i chatbot alimentati dall'IA per migliorare il servizio clienti e l'esperienza complessiva degli utenti.

Implementare l'IA nei processi di lavoro significa molto più di una semplice adozione di nuove tecnologie. È un cambiamento fondamentale nel modo in cui le aziende gestiscono le loro operazioni quotidiane e interagiscono con i clienti. L'IA non è solo il futuro, ma anche il presente, essendo già parte integrante di molte attività lavorative.

Ad esempio, l'automazione dei processi robotici (RPA) utilizza l'IA per liberare gli esseri umani da compiti monotoni e concentrarsi su mansioni più creative. Un caso eclatante è quello di [aggiungi esempio specifico], dove l'implementazione dell'RPA ha portato a un aumento significativo dell'efficienza e della produttività.

Tuttavia, è importante mantenere un equilibrio tra automazione e interazione umana nel customer service. Sebbene i chatbot alimentati dall'IA abbiano dimostrato di migliorare l'efficienza del servizio clienti, è cruciale garantire che vi sia sempre la possibilità di assistenza specializzata da parte del personale umano, soprattutto quando i problemi superano le capacità del chatbot.

Guardando al futuro, possiamo ipotizzare ulteriori sviluppi e miglioramenti nell'utilizzo dei chatbot alimentati dall'IA nel customer service. Ad esempio, potrebbero diventare ancora più sofisticati nell'interpretare le esigenze dei clienti e offrire soluzioni personalizzate in tempo reale.

In conclusione, i chatbot alimentati dall'IA continuano a guidare l'innovazione nel customer service, offrendo alle aziende l'opportunità di soddisfare le esigenze dei clienti in modo più efficiente ed efficace che mai.

2.3 PERDITA DEL LAVORO E IMPATTO ECONOMICO

Uno dei dibattiti più accesi riguarda l'impatto dell'AI sulla perdita di posti di lavoro e sull'economia. Gli strumenti basati sull'intelligenza artificiale, come quelli per la scrittura e la progettazione grafica, hanno il potenziale di sostituire i lavoratori umani, portando alla perdita di impieghi in diversi settori.

Ad esempio, un sistema di scrittura AI potrebbe essere in grado di produrre contenuti più velocemente e in modo più efficiente rispetto a un essere umano. Anche se questi strumenti sono ancora in fase di perfezionamento e possono generare informazioni imprecise, molte aziende stanno già adottando l'AI per automatizzare compiti precedentemente eseguiti da persone.

Questo cambiamento può avere conseguenze economiche significative, con la possibilità di una diminuzione dell'occupazione in settori come la produzione, lo sviluppo dei prodotti e persino il marketing. Inoltre, c'è il rischio che i lavoratori qualificati vengano penalizzati durante i processi di selezione del personale, poiché sempre più aziende si affidano all'AI per lo screening dei curricula.

In sintesi, mentre l'intelligenza artificiale offre numerose opportunità di automazione e miglioramento dei processi aziendali, è importante considerare attentamente le implicazioni etiche e sociali di queste tecnologie. Bilanciare l'innovazione con la responsabilità è essenziale per garantire che l'adozione dell'AI porti benefici sia alle aziende che alla società nel suo insieme.

Dunque, la perdita di posti di lavoro su scala globale a causa dell'automazione e dell'IA ha, quindi, un impatto significativo sull'economia e sulla società nel suo complesso. Tuttavia, esistono anche strategie e soluzioni per mitigare gli effetti negativi e facilitare una transizione più fluida verso un'economia guidata dall'IA. In che modo si può risolvere questa sfida e garantire un futuro lavorativo equo e sostenibile per tutti?

Una strategia chiave per affrontare la perdita di posti di lavoro è la ridistribuzione del lavoro, che coinvolge la riallocazione dei lavoratori da settori in declino a settori in crescita. Questo può essere facilitato attraverso politiche governative che incentivano la creazione di posti di lavoro in settori emergenti, come la tecnologia dell'IA, le energie rinnovabili, la salute digitale e altri settori ad alta crescita. Inoltre, la ridistribuzione del lavoro può essere facilitata da politiche flessibili sul lavoro, come la riduzione dell'orario lavorativo e la flessibilità nel luogo di lavoro.

Per aiutare i lavoratori ad adattarsi ai cambiamenti nell'economia causati dall'IA, è essenziale investire in programmi di riqualificazione e formazione. Questi programmi possono essere offerti sia dai governi che dalle aziende e dovrebbero concentrarsi sullo sviluppo delle competenze digitali, delle competenze tecnologiche e delle abilità di adattamento al cambiamento. Inoltre, è importante che questi programmi siano accessibili a tutti i lavoratori, compresi quelli che potrebbero essere svantaggiati dalla transizione tecnologica, come i lavoratori anziani o poco qualificati.

La collaborazione tra governi, aziende, istituzioni accademiche e organizzazioni della società civile è fondamentale per affrontare le sfide legate alla perdita di posti di lavoro causata dall'IA. Le partnership pubblico-privato possono facilitare lo scambio di conoscenze, risorse e migliori pratiche per sostenere la transizione dei lavoratori e stimolare l'innovazione nell'economia digitale.

I governi possono anche introdurre incentivi fiscali e finanziari per le aziende che creano posti di lavoro nell'economia digitale o che investono in formazione e sviluppo dei propri dipendenti. Questi incentivi possono contribuire a stimolare la crescita economica e a mitigare gli effetti negativi della perdita di posti di lavoro su scala globale.

Per fornire un quadro più dettagliato delle implicazioni della perdita di posti di lavoro causata dall'IA e delle strategie per affrontare questa sfida, esaminiamo alcuni casi studio significativi. Questi esempi illustrano come l'automazione e l'IA influenzano diversi settori e come aziende e istituzioni stanno rispondendo a questo cambiamento.

Nel settore manifatturiero, un caso studio significativo è quello dell'azienda automobilistica Tesla. La società ha implementato robot e tecnologie AI nelle sue catene di produzione, portando a una significativa riduzione della forza lavoro necessaria per la produzione di veicoli. Tuttavia, Tesla ha anche investito nella riqualificazione dei lavoratori e nella creazione di nuovi ruoli che richiedono competenze tecnologiche, come la manutenzione e la gestione dei sistemi automatizzati.

Nel settore della selezione del personale, si sono verificati casi in cui l'IA è stata utilizzata nei processi di screening dei curriculum vitae dei candidati. Tuttavia, alcuni di questi algoritmi hanno mostrato bias nei confronti di determinati gruppi demografici, portando a discriminazioni nel processo di assunzione. Questi casi sottolineano l'importanza di sviluppare algoritmi imparziali e di garantire una supervisione umana efficace durante il processo di selezione del personale.

Numerosi casi studio illustrano l'efficacia dei programmi di riqualificazione nel preparare i lavoratori per i cambiamenti nell'ambiente lavorativo dovuti all'IA. Ad esempio, il programma "TechHire" negli Stati Uniti si concentra sulla formazione di lavoratori per ruoli tecnologici in settori ad alta crescita, come lo sviluppo software e l'analisi dei dati. Questi programmi offrono corsi di formazione intensiva e collaborano con aziende locali per garantire che i lavoratori acquisiscano le competenze richieste per ruoli futuri.

Un altro caso studio degno di nota è quello della città di Pittsburgh, in Pennsylvania, che ha affrontato la perdita di posti di lavoro nel settore manifatturiero attraverso l'innovazione e la diversificazione economica. Pittsburgh ha investito in iniziative di ricerca e sviluppo nell'ambito dell'IA e delle tecnologie emergenti, creando così nuove opportunità di lavoro in settori ad alta crescita come la robotica, la salute digitale e la mobilità intelligente.

Questi casi studio evidenziano, appunto, l'importanza di adottare approcci olistici per affrontare la perdita di posti di lavoro causata dall'IA, che includono sia soluzioni tecnologiche che politiche e programmi di riqualificazione.

2.4 RIVOLUZIONE DELL'INTELLIGENZA ARTIFICIALE NEI PROCESSI LAVORATIVI: VANTAGGI E IMPATTI

L'avvento dell'Intelligenza Artificiale generativa (IA), come ChatGPT, sta aprendo le porte per realizzare appieno il potenziale del lavoro da remoto o ibrido, riducendo la necessità delle visite in ufficio. L'IA si configura come una forza trasformativa che sta ridefinendo il concetto stesso di lavoro.

Ma cosa significa implementare l'IA nei processi di lavoro? Significa facilitare la condivisione di informazioni, migliorare la comunicazione e la collaborazione, incrementare produttività ed efficienza, sostenere la gestione delle conoscenze e lo sviluppo delle competenze, oltre a garantire sicurezza e privacy.

COMUNICAZIONE E COORDINAMENTO OTTIMIZZATI

L'uso crescente dell'Intelligenza Artificiale per potenziare la comunicazione e la collaborazione sta rivoluzionando il modo in cui le aziende gestiscono le proprie attività. Prendiamo ad esempio la grande azienda tecnologica che si affida regolarmente alle videoconferenze per coordinare i team distribuiti in tutto il mondo. Grazie all'IA, durante le riunioni strategiche, l'analisi in tempo reale delle conversazioni consente di estrarre i punti chiave, identificando le sfide e gli obiettivi prioritari. Queste informazioni vengono poi sintetizzate automaticamente, fornendo un riassunto dettagliato che facilita il follow-up e garantisce un'azione tempestiva.

Parallelamente, una startup in fase di espansione sfrutta l'IA per gestire le riunioni di brainstorming e pianificazione. Durante le videoconferenze, l'IA va oltre la semplice analisi del contenuto delle conversazioni, valutando anche i sentimenti e il coinvolgimento dei partecipanti. Questo approccio consente di identificare i momenti di massima creatività e collaborazione, nonché di intervenire per mantenere alta l'attenzione e gestire eventuali segnali di disinteresse.

Inoltre, l'IA trascrive in tempo reale le conversazioni durante le videoconferenze e sintetizza il contenuto in un formato più accessibile e comprensibile. Questo include la creazione di riassunti automatici, l'evidenziazione dei punti salienti e la compilazione di elenchi di azioni pianificate o decisioni prese. Tale sintesi aiuta i partecipanti a mantenere il focus sui temi importanti, evitando la dispersione durante le discussioni e assicurando una comprensione chiara e condivisa di ciò che è stato discusso.

In aggiunta, l'IA può anche aiutare a gestire le azioni e i compiti derivanti dalle discussioni durante le videoconferenze. Ad esempio, se durante una riunione vengono identificati dei compiti da assegnare ai membri del team, l'IA può automatizzare il processo di assegnazione, monitoraggio e notifica dei progressi. Ciò assicura che le decisioni prese durante le videoconferenze vengano attuate in modo efficace e tempestivo.

Questi casi evidenziano come l'analisi delle conversazioni tramite l'IA non solo ottimizzi la gestione delle informazioni e delle azioni, ma contribuisca anche a migliorare l'esperienza complessiva delle riunioni. Questo non solo aumenta l'efficacia e la produttività delle discussioni, ma anche il coinvolgimento dei partecipanti, massimizzando così il valore generato da ogni interazione. In sintesi, l'IA si conferma come un alleato fondamentale per una comunicazione e un coordinamento ottimizzati, promuovendo una collaborazione più efficiente e centrata sull'obiettivo comune.

BRUNO GADOLA

PRODUTTIVITÀ E COLLABORAZIONE ARMONIOSA

Nell'era digitale in cui ci troviamo immersi, le piattaforme guidate dall'intelligenza artificiale (IA) stanno rivoluzionando il modo in cui le squadre lavorano insieme e si sviluppano professionalmente. Queste piattaforme creano squadre virtuali ottimali abbinando set di competenze e interessi dei membri, promuovendo un senso di solidarietà e lo scambio di conoscenze.

Gli smart worker del futuro partecipano attivamente a processi di apprendimento tra pari e mentoring attraverso contenuti e risorse curate dall'IA, migliorando le loro competenze e contribuendo a creare un ambiente di lavoro più collaborativo e inclusivo.

Un altro vantaggio significativo è la riduzione della necessità di spazi fisici per uffici grazie alle applicazioni guidate dall'IA. Questo facilita il lavoro remoto consentendo un accesso istantaneo a dati e documenti rilevanti, comunicazione ottimale e raccomandazioni intelligenti.

L'integrazione dell'IA nei sistemi di condivisione delle informazioni permette ai lavoratori di trovare rapidamente risorse necessarie, riducendo il tempo dedicato alla ricerca di documenti o all'attesa di risposte dai colleghi. Questa distribuzione efficiente della conoscenza permette loro di lavorare autonomamente, mantenendo al contempo un forte legame con colleghi e organizzazioni.

Nel contesto di un'importante azienda multinazionale nel settore della tecnologia, l'esigenza di gestire efficacemente le squadre distribuite globalmente ha portato all'implementazione di soluzioni innovative guidate dall'intelligenza artificiale (IA). L'obiettivo principale era massimizzare il potenziale dei dipendenti, facilitando la collaborazione tra team diversi e promuovendo lo scambio di conoscenze e competenze.

L'azienda ha adottato una piattaforma guidata dall'IA progettata per creare squadre virtuali ottimali, basate sull'analisi dei profili dei dipendenti. Questa piattaforma ha utilizzato algoritmi avanzati per identificare le competenze chiave, le preferenze lavorative e le esperienze passate dei dipendenti, assegnandoli automaticamente in squadre complementari in base agli obiettivi del progetto.

In aggiunta, la piattaforma ha agevolato il processo di apprendimento tra pari e mentoring, offrendo ai dipendenti accesso a una vasta gamma di contenuti e risorse curate dall'IA. Questi materiali includevano corsi online, articoli rilevanti e suggerimenti personalizzati, fornendo un supporto prezioso per lo sviluppo professionale continuo.

L'implementazione della piattaforma guidata dall'IA ha portato a risultati tangibili. Le squadre virtuali ottimali create hanno dimostrato una maggiore coesione e produttività, grazie alla combinazione efficace delle competenze e alla chiara definizione degli obiettivi. I dipendenti hanno beneficiato di opportunità di apprendimento continuo, accelerando lo sviluppo delle competenze tecniche e trasversali.

Inoltre, la piattaforma ha contribuito a ridurre i tempi dedicati alla ricerca di informazioni, fornendo ai dipendenti accesso istantaneo a risorse pertinenti e facilitando la condivisione di conoscenze. Questo ha favorito una maggiore flessibilità nell'organizzazione del lavoro, consentendo ai dipendenti di collaborare in modo efficace da qualsiasi luogo.

In conclusione, le piattaforme guidate dall'IA stanno ridefinendo il modo in cui lavoriamo e apprendiamo, promuovendo un ambiente di lavoro più collaborativo, efficiente e orientato al futuro. Un esempio tangibile di questo cambiamento è rappresentato dall'implementazione di soluzioni innovative in un'importante azienda multinazionale nel settore della tecnologia, dove la gestione efficace delle squadre distribuite globalmente ha portato a risultati tangibili nel miglioramento della collaborazione, della produttività e dello sviluppo delle competenze.

SICUREZZA INFORMATICA E PRIVACY GARANTITE

Nel contesto sempre più diffuso del lavoro da remoto, le preoccupazioni riguardanti la sicurezza e la privacy dei dati sono diventate una priorità per le organizzazioni di ogni settore. Fortunatamente, l'Intelligenza Artificiale (IA) offre soluzioni innovative per affrontare queste sfide in modo efficace ed efficiente.

Una delle principali aree in cui l'IA può contribuire è nella protezione contro le minacce informatiche. Gli strumenti alimentati dall'IA possono monitorare costantemente le reti e i dispositivi utilizzati dai lavoratori remoti, identificando rapidamente potenziali vulnerabilità e neutralizzando minacce prima che possano causare danni significativi. Grazie alla capacità di analizzare enormi quantità di dati in tempo reale, l'IA può rilevare pattern e comportamenti sospetti, segnalando tempestivamente agli amministratori di sistema eventuali intrusioni o attività non autorizzate.

Inoltre, l'IA svolge un ruolo cruciale nella protezione dei dati sensibili. Attraverso l'implementazione di algoritmi avanzati di crittografia e di accesso condizionato, l'IA garantisce che le informazioni aziendali restino sicure e riservate anche durante la trasmissione e lo scambio tra i lavoratori remoti. Ad esempio, le tecnologie di crittografia basate sull'IA possono proteggere i dati sensibili memorizzati su dispositivi personali o cloud, impedendo l'accesso non autorizzato anche in caso di furto o smarrimento del dispositivo.

Un altro aspetto cruciale è l'impiego dell'IA nell'autenticazione degli utenti. L'autenticazione multifattoriale basata sull'IA va oltre le tradizionali credenziali di accesso, utilizzando l'analisi comportamentale per riconoscere i modelli di interazione e le abitudini degli utenti. Questo approccio non solo aumenta la sicurezza, ma permette anche di rilevare e prevenire frodi o accessi non autorizzati in tempo reale, riducendo al minimo il rischio di compromissione dei dati.

Inoltre, l'IA può essere impiegata per lo sviluppo di algoritmi avanzati di rilevamento delle frodi. Questi algoritmi analizzano costantemente i modelli di comportamento degli utenti e delle transazioni, identificando anomalie potenziali che potrebbero indicare un'attività fraudolenta. Ciò è particolarmente importante nel contesto del lavoro da remoto, dove la supervisione diretta delle attività degli utenti è limitata.

Infine, l'IA svolge un ruolo fondamentale nel garantire la conformità normativa. Automatizzando i processi di monitoraggio e reportistica, l'IA aiuta le organizzazioni a rispettare le leggi e i regolamenti relativi alla protezione dei dati e alla sicurezza informatica, riducendo al minimo il rischio di sanzioni o violazioni.

Questi principi sono stati dimostrati efficaci in una serie di casi: Darktrace, società che utilizza l'IA per la cybersecurity, utilizza l'IA per analizzare il traffico di rete e rilevare minacce informatiche. Il loro sistema utilizza algoritmi di apprendimento automatico per analizzare il traffico di rete e rilevare anomalie che potrebbero indicare minacce informatiche. Darktrace è stata utilizzata con successo da numerose organizzazioni per proteggere i loro ambienti di lavoro da remoto durante la pandemia di COVID-19. Inoltre, ci sono soluzioni come Microsoft Defender for Endpoint e Cisco Umbrella dimostrano l'efficacia dell'IA nella protezione dei dispositivi aziendali utilizzati per il lavoro da remoto. Microsoft Defender for Endpoint utilizza tecniche di machine learning per identificare e rispondere alle minacce in tempo reale, mentre Cisco Umbrella protegge gli utenti da malware, phishing e altre minacce online utilizzando l'analisi avanzata dei dati e il machine learning. Anche IBM Security QRadar è un altro esempio di come l'IA viene utilizzata per proteggere la sicurezza dei dati nel lavoro da remoto. Questa piattaforma di sicurezza analizza i dati provenienti da una varietà di fonti per identificare potenziali minacce, utilizzando tecniche avanzate di analisi dei dati per rilevare pattern anomali che potrebbero indicare attività sospette.

Questi casi dimostrano chiaramente come l'Intelligenza Artificiale offra un insieme di strumenti potenti e sofisticati per affrontare le sfide della sicurezza e della privacy dei dati nel lavoro da remoto. Sfruttando l'analisi avanzata dei dati e l'apprendimento automatico, l'IA consente alle organizzazioni di proteggere in modo proattivo le proprie risorse digitali e di mantenere la fiducia dei dipendenti e dei clienti nella gestione sicura dei dati sensibili.

BENESSERE PER GLI SMART WORKER

L'IA contribuisce al miglioramento del benessere e della qualità della vita dei lavoratori in molteplici modi. Per esempio, monitorare indicatori di salute, come il battito cardiaco e la qualità del sonno, utilizzando dati provenienti da dispositivi indossabili e strumenti di monitoraggio della salute. Basandosi su queste informazioni, l'IA fornisce feedback e promemoria per incoraggiare comportamenti salutari e prevede potenziali problemi di salute mentale, come lo stress e l'ansia.

Inoltre, l'IA apre nuove frontiere per l'espressione creativa umana, ad esempio nel mondo dell'arte e della creatività. Immagina un'IA che analizza i pattern di creazione artistica di un dipendente e suggerisce nuove tecniche o stili, mantenendo un equilibrio tra innovazione tecnologica e valore umano.

L'IA sfrutta algoritmi avanzati per analizzare i dati personali dei lavoratori e generare raccomandazioni personalizzate. Ad esempio, può suggerire il momento migliore per fare esercizio fisico in base ai pattern di sonno e agli impegni lavorativi di ciascun individuo.

Integrando l'IA nei processi aziendali, si può istituire una cultura del benessere in cui la salute mentale e fisica dei dipendenti è valorizzata e supportata. Ad esempio, l'IA può gestire programmi di benessere basati su dati che incoraggiano comportamenti salutari e offrono supporto per il recupero.

L'IA offre un approccio neutrale e obiettivo per identificare e affrontare i problemi di salute mentale, contribuendo a ridurre lo stigma associato alla ricerca di supporto. Immagina un'IA che rileva segnali di stress, ansia o depressione e li segnala discretamente ai lavoratori e ai loro manager, consentendo un intervento tempestivo.

Oltre al monitoraggio della salute e del benessere, l'IA fornisce strumenti pratici per l'auto-miglioramento, come app di meditazione guidata e programmi di esercizio personalizzati. Immagina un'IA che adatta queste risorse alle preferenze e agli obiettivi individuali dei lavoratori, migliorando così il loro benessere complessivo.

Investire nel benessere dei dipendenti attraverso l'IA porta a maggiore soddisfazione sul lavoro, retention del personale e aumento della produttività complessiva. Ad esempio, i dipendenti supportati nella gestione del loro benessere sono più propensi a rimanere nell'azienda e ad essere più produttivi.

È fondamentale considerare le implicazioni etiche nell'uso dell'IA nel benessere dei lavoratori, garantendo trasparenza nell'uso dei dati e proteggendo la privacy dei dipendenti.

L'IA non mira a sostituire completamente il ruolo umano nella gestione del benessere, ma a lavorare con le competenze umane per ottimizzare i risultati. Ad esempio, gli algoritmi forniscono dati dettagliati, mentre i professionisti del benessere offrono empatia e supporto personalizzato.

Mantenere una mentalità aperta alla continua ricerca e sviluppo nell'applicazione dell'IA al benessere dei lavoratori è essenziale. Ad esempio, l'adozione di nuove scoperte scientifiche e l'esplorazione di nuove tecnologie possono migliorare il supporto al benessere dei dipendenti.

CAPITOLO 3

APPRENDIMENTO AUTOMATICO

3.1 INTRODUZIONE ALL'APPRENDIMENTO AUTOMATICO

L'Apprendimento Automatico (Machine Learning, ML), come già anticipato, è un ramo dell'intelligenza artificiale (AI) che si concentra sullo sviluppo di algoritmi e tecniche che consentono ai computer di apprendere dai dati e di migliorare le performance delle operazioni senza essere esplicitamente programmati per farlo. Come già anticipato, l'Apprendimento Automatico permette ai computer di identificare modelli nei dati e di prendere decisioni con il minimo intervento umano.

Il cuore dell'Apprendimento Automatico risiede nella capacità dei computer di apprendere e migliorare autonomamente dall'esperienza. Questa capacità di adattamento è fondamentale per una vasta gamma di applicazioni, dal riconoscimento di immagini alla traduzione automatica, dall'analisi dei mercati finanziari alla guida autonoma dei veicoli.

Una delle ragioni principali per cui l'Apprendimento Automatico ha guadagnato così tanta attenzione è la sua efficacia nell'affrontare problemi complessi e il continuo miglioramento delle performance attraverso l'esperienza. Come già anticipato, l'Apprendimento Automatico è diventato un pilastro fondamentale in molte aree, consentendo ai ricercatori e agli sviluppatori di affrontare sfide che in passato sembravano insormontabili.

Nel prosieguo di questa guida, esploreremo i concetti fondamentali dell'Apprendimento Automatico, i suoi diversi tipi e applicazioni, nonché le sfide e le opportunità che presenta.

L'Intelligenza Artificiale (IA) e l'automazione sono concetti strettamente collegati ma presentano differenze significative nel modo in cui operano e nell'approccio che adottano per svolgere compiti specifici.

L'automazione riguarda il processo di utilizzare macchine o sistemi per eseguire compiti in modo automatico, seguendo istruzioni predefinite e ripetibili senza la necessità di intervento umano diretto. Un esempio comune di automazione è un software che invia automaticamente e-mail di risposta a determinate richieste o un braccio robotico in una catena di montaggio che assembla parti di un prodotto.

D'altra parte, l'Intelligenza Artificiale (IA) rappresenta un livello più avanzato di automazione, in quanto coinvolge la capacità di un sistema di apprendere dai dati e migliorare le sue prestazioni nel tempo senza essere esplicitamente programmato per compiti specifici. Utilizza algoritmi di apprendimento automatico per riconoscere modelli nei dati e adattarsi di conseguenza, permettendo di prendere decisioni e fornire output anche in situazioni non previste durante la fase di programmazione.

Un esempio chiaro di IA è il riconoscimento vocale, dove un sistema può apprendere a riconoscere e comprendere il linguaggio umano attraverso l'analisi di enormi quantità di dati vocali. Un altro esempio è l'elaborazione del linguaggio naturale, dove un sistema può imparare a comprendere il significato e il contesto del testo scritto attraverso l'analisi di testi e documenti.

L'IA e il suo sottocampo, l'apprendimento automatico, costituiscono la spina dorsale di molte innovazioni tecnologiche che stanno trasformando profondamente il modo in cui interagiamo con il mondo digitale e fisico. Al di là delle applicazioni di automazione tradizionale, come l'invio automatico di e-mail di risposta o l'assemblaggio robotizzato in catene di montaggio, l'IA apre le porte a una nuova era di sistemi intelligenti in grado di apprendere, adattarsi e migliorare autonomamente nel tempo.

L'apprendimento automatico supervisionato è una pietra angolare dell'IA, consentendo ai modelli di trarre insegnamenti da grandi quantità di dati etichettati. Ad esempio, nei settori medico e sanitario, i modelli di machine learning possono essere addestrati su vasti dataset di immagini diagnostiche etichettate per identificare precocemente segni di malattie, consentendo una diagnosi più tempestiva e precisa. Tuttavia, con queste potenti capacità diagnostiche sorgono anche questioni etiche legate alla privacy dei dati dei pazienti e alla necessità di garantire la sicurezza e l'affidabilità dei modelli.

L'apprendimento automatico non supervisionato offre un'opportunità per esplorare e comprendere meglio la complessità dei dati senza la necessità di etichette di output. Questo approccio è prezioso in settori come la ricerca scientifica e l'analisi dei dati, dove i modelli possono rilevare pattern sottili e relazioni nascoste nei dati grezzi. Tuttavia, la mancanza di guida esterna può portare a interpretazioni errate o a risultati distorti, sottolineando l'importanza di una valutazione critica dei risultati ottenuti.

BRUNO GADOLA

Il deep learning, una forma avanzata di apprendimento automatico basata su reti neurali artificiali profonde, ha rivoluzionato molte applicazioni dell'IA, dall'elaborazione del linguaggio naturale alla visione artificiale. Ad esempio, i modelli di deep learning alimentano i sistemi di traduzione automatica che consentono la comunicazione istantanea tra lingue diverse. Tuttavia, il successo dei modelli di deep learning spesso richiede enormi quantità di dati di addestramento e capacità di calcolo considerevoli, creando barriere all'accesso e sollevando preoccupazioni riguardo alla centralizzazione del potere nelle mani di pochi giganti tecnologici.

Infine, il reinforcement learning, ispirato al modo in cui gli organismi viventi imparano attraverso l'interazione con l'ambiente, offre nuove prospettive nell'automazione intelligente. Ad esempio, i sistemi di guida autonoma possono essere addestrati utilizzando l'apprendimento per rinforzo per navigare in modo sicuro e efficiente nel traffico stradale in continua evoluzione. Tuttavia, ci sono sfide significative nel garantire la sicurezza e l'etica nell'implementazione di tali sistemi, specialmente quando si tratta di decisioni critiche che possono influenzare la vita umana.

In conclusione, l'Intelligenza Artificiale e l'apprendimento automatico offrono enormi potenzialità per migliorare le nostre vite e le nostre società, ma comportano anche sfide complesse che richiedono un approccio olistico e una valutazione continua dei rischi e dei benefici. È imperativo sviluppare un quadro normativo e etico solido per guidare lo sviluppo e l'implementazione responsabile di queste tecnologie emergenti.

Una volta riassunti tutti i punti, procederemo nel dettaglio su ciascuno di essi.

3.2 APPRENDIMENTO SUPERVISIONATO

Nel contesto dell'apprendimento supervisionato, il sistema riceve un insieme di dati di addestramento costituito da coppie input-output e deve imparare a mappare gli input alle corrispondenti output. Questo tipo di apprendimento è chiamato "supervisionato" perché il modello è guidato da un supervisore esterno che fornisce le risposte corrette durante il processo di addestramento.

Una delle tecniche più comuni nell'apprendimento supervisionato è quella delle reti neurali artificiali, che si ispirano al funzionamento del cervello umano e sono in grado di apprendere da grandi quantità di dati. Le reti neurali profonde, o deep learning, sono un sottotipo di reti neurali artificiali che utilizzano più strati nascosti per l'estrazione delle caratteristiche. Queste reti sono particolarmente efficaci nel riconoscimento di immagini e nel trattamento del linguaggio naturale.

Ad esempio, nell'ambito del riconoscimento facciale, FaceNet sviluppato da Google è un noto esempio di apprendimento supervisionato. Questo sistema utilizza reti neurali convoluzionali per identificare e verificare i volti umani. Durante il processo di addestramento, FaceNet è stato alimentato con milioni di immagini di volti umani e ha imparato a riconoscerli con un'elevata precisione. FaceNet viene utilizzato in applicazioni che richiedono l'identificazione o la verifica dei volti, come il riconoscimento degli utenti su dispositivi mobili o la sorveglianza di sicurezza.

Un altro esempio è rappresentato da Siri, l'assistente vocale sviluppato da Apple, che utilizza algoritmi di apprendimento supervisionato per riconoscere e comprendere i comandi vocali degli utenti. Siri, ad esempio, è stato esposto a un vasto insieme di dati vocali durante il suo addestramento, imparando a riconoscere parole e frasi con un'accuratezza elevata. L'apprendimento supervisionato consente a Siri di migliorare costantemente la sua capacità di riconoscere e rispondere ai comandi vocali degli utenti.

Inoltre, un ulteriore esempio di apprendimento supervisionato nel riconoscimento vocale è rappresentato dall'implementazione di classificatori bayesiani. Questi classificatori vengono addestrati utilizzando un insieme di dati vocali etichettati e vengono impiegati per classificare le nuove voci in categorie prestabilite. Ad esempio, un sistema di riconoscimento vocale può essere addestrato per distinguere diverse parole o comandi pronunciati dagli utenti. I classificatori bayesiani sono noti per la loro semplicità ed efficacia nell'affrontare problemi di classificazione.

Le applicazioni dell'apprendimento supervisionato sono ampie e comprendono il riconoscimento facciale, il riconoscimento vocale, la classificazione di testo, la previsione del mercato azionario e molte altre.

Un altro aspetto cruciale dell'apprendimento supervisionato è la valutazione delle prestazioni del modello, che può essere effettuata utilizzando diverse metriche, tra cui l'accuratezza, la precisione, il richiamo e l'F1-score. Successivamente, ci addentreremo nei dettagli di ciascuna di queste tecniche e delle loro applicazioni specifiche.

In conclusione, l'apprendimento supervisionato rappresenta una delle metodologie più utilizzate nell'ambito dell'intelligenza artificiale, offrendo un'enorme varietà di applicazioni pratiche. Un altro aspetto cruciale dell'apprendimento supervisionato è la valutazione delle prestazioni del modello, che può essere effettuata utilizzando diverse metriche, tra cui l'accuratezza, la precisione, il richiamo e l'F1-score. Successivamente, ci addentreremo nei dettagli di ciascuna di queste tecniche e delle loro applicazioni specifiche.

3.3. APPRENDIMENTO NON SUPERVISIONATO

L'apprendimento non supervisionato è una branca dell'intelligenza artificiale in cui i modelli imparano dai dati senza la necessità di etichette. In altre parole, il sistema trova da solo la struttura o i modelli nei dati senza che un supervisore umano fornisca istruzioni. Questo tipo di apprendimento è spesso utilizzato per esplorare dati complessi e identificare schemi nascosti. Ci sono diversi approcci principali all'apprendimento non supervisionato.

Il clustering è un processo di raggruppamento di un insieme di oggetti in modo che gli oggetti nello stesso gruppo (o "cluster") siano più simili tra loro rispetto a quelli in altri gruppi. Un esempio comune di algoritmo di clustering è il K-Means, che trova i gruppi cercando di minimizzare la distanza intra-cluster. Questo approccio ha numerose applicazioni, tra cui la segmentazione di mercato, che consente alle aziende di raggruppare i clienti in base a comportamenti simili, consentendo loro di adattare strategie di marketing specifiche a ciascun segmento; la classificazione automatica di documenti, utilizzata per organizzare grandi raccolte di documenti non etichettati in gruppi coerenti, facilitando la successiva ricerca e il recupero delle informazioni; e l'analisi dei social media, che identifica gruppi di utenti con interessi simili, consentendo alle piattaforme di social media di fornire contenuti e pubblicità mirate.

Un altro approccio è la riduzione della dimensionalità, che consiste nel ridurre il numero di variabili casuali considerate. Si cerca di mantenere le caratteristiche essenziali del dataset riducendone la complessità. Un esempio comune di riduzione della dimensionalità è l'analisi delle componenti principali (PCA), che trasforma le variabili originali in un insieme di variabili non correlate chiamate componenti principali. Questo approccio è utilizzato per la compressione dei dati, riducendo le dimensioni dei dati, mantenendo la maggior parte delle informazioni, utile per la conservazione dello spazio di archiviazione e la velocità di elaborazione; la visualizzazione dei dati, riducendo i dati in modo che possano essere visualizzati in due o tre dimensioni, consentendo una facile interpretazione; e l'eliminazione del rumore, identificando e rimuovendo dati ridondanti o incoerenti, migliorando la qualità dei dati.

Un terzo approccio è l'apprendimento delle regole di associazione, che trova regole che descrivono le associazioni tra le variabili nei dati. Un esempio comune di algoritmo di regole di associazione è l'algoritmo Apriori, utilizzato per estrarre regole frequenti da insiemi di dati. Questo approccio trova applicazione nel carrello della spesa intelligente, che consente di identificare associazioni tra diversi prodotti acquistati insieme, migliorando la strategia di vendita e le offerte promozionali; nei sistemi di raccomandazione, che trovano correlazioni tra diversi prodotti o interessi degli utenti, consentendo ai sistemi di raccomandare prodotti o contenuti pertinenti; e nell'analisi delle sequenze temporali, che identifica pattern o associazioni in dati sequenziali, utile in applicazioni come il riconoscimento di pattern biologici o la previsione delle vendite.

L'apprendimento non supervisionato trova applicazioni in molteplici campi, come la segmentazione della clientela, il rilevamento delle anomalie, l'analisi dei social media, la segmentazione del mercato e l'elaborazione del linguaggio naturale.

Tra i vantaggi dell'apprendimento non supervisionato vi è la non necessità di etichette per l'addestramento, il che significa che il processo di addestramento è meno costoso e richiede meno tempo in confronto all'apprendimento supervisionato. Inoltre, consente la scoperta di modelli nascosti nei dati che potrebbero non essere evidenti a una revisione umana.

Tuttavia, ci sono anche degli svantaggi. L'apprendimento non supervisionato può avere la difficoltà nell'interpretare i risultati, poiché non c'è una misura oggettiva per valutare la precisione del modello. Inoltre, manca una guida esplicita durante il processo di apprendimento, il che significa che il modello potrebbe non essere in grado di apprendere determinati modelli complessi. In definitiva, l'apprendimento non supervisionato continua a svolgere un ruolo importante nel campo dell'intelligenza artificiale, consentendo di esplorare e comprendere meglio i dati in molteplici contesti.

In conclusione, l'apprendimento non supervisionato rappresenta un'importante branca dell'intelligenza artificiale, consentendo di esplorare e comprendere meglio i dati in molteplici contesti. Approcci come il clustering, la riduzione della dimensionalità e l'apprendimento delle regole di associazione offrono strumenti potenti per trovare modelli nascosti nei dati senza la necessità di etichette. Sebbene ci siano vantaggi significativi, come la minor dipendenza dalle etichette e la scoperta di modelli non evidenti a una revisione umana, l'apprendimento non supervisionato presenta anche sfide, come la difficoltà nell'interpretare i risultati e la mancanza di guida esplicita durante il processo di apprendimento. Nonostante questi svantaggi, l'apprendimento non supervisionato continua a svolgere un ruolo cruciale nel campo dell'intelligenza artificiale, offrendo un modo potente per analizzare dati complessi e identificare schemi nascosti, aprendo la strada a una comprensione più profonda dei dati e delle informazioni.

3.4 APPRENDIMENTO SEMI-SUPERVISIONATO

L'apprendimento semi-supervisionato è una tecnica di apprendimento automatico che si colloca a metà strada tra l'apprendimento supervisionato e quello non supervisionato.

In questo approccio, i dati di addestramento sono una combinazione di dati etichettati (ossia, dati con annotazioni) e dati non etichettati. L'obiettivo è utilizzare l'informazione disponibile per costruire un modello predittivo in grado di generalizzare su nuovi dati, migliorando l'accuratezza delle previsioni. Questo approccio è particolarmente utile quando etichettare manualmente un gran numero di dati è dispendioso o impraticabile. L'idea fondamentale dietro all'apprendimento semi-supervisionato è sfruttare l'informazione contenuta nei dati non etichettati per migliorare le prestazioni del modello. Ciò è possibile grazie all'assunzione di assialianza, che afferma che i punti dati vicini nello spazio delle feature avranno la stessa etichetta. Di seguito sono riportati alcuni metodi comuni di apprendimento semi-supervisionato e casi studio che ne dimostrano l'efficacia.

Il primo metodo è la propagazione dell'etichetta, che cerca di assegnare etichette ai dati non etichettati in modo coerente con le etichette dei dati etichettati vicini nello spazio delle feature. Un algoritmo popolare che implementa questo concetto è l'algoritmo di "label spreading". Ad esempio, supponiamo di avere un insieme di dati di immagini di cani etichettati e non etichettati. L'algoritmo di propagazione dell'etichetta potrebbe assegnare etichette ai dati non etichettati in modo che i cani simili ricevano etichette simili.

Il secondo metodo è il co-training, in cui il modello è addestrato su due diverse viste (insiemi di feature) dei dati. L'idea è che se due viste diverse dei dati concordano sull'etichetta di un esempio non etichettato, l'etichetta è probabilmente corretta. Ad esempio, immaginiamo di avere un dataset di notizie con due insiemi diversi di feature: le parole nel titolo e le parole nel corpo. Co-training potrebbe essere utilizzato per addestrare due classificatori distinti, uno per ciascuna vista. Se entrambi i classificatori concordano sul fatto che una notizia non etichettata riguardi politica, è probabile che l'etichetta sia corretta.

Il terzo metodo è il self-training, in cui un modello viene addestrato con i dati etichettati, quindi viene utilizzato per etichettare i dati non etichettati. Questi dati etichettati vengono quindi aggiunti al set di addestramento e il modello viene aggiornato. Ad esempio, immaginiamo un dataset di trascrizioni audio etichettate e non etichettate. Un modello di riconoscimento vocale addestrato con dati etichettati può essere utilizzato per trascrivere i dati non etichettati. Queste trascrizioni diventano nuovi dati etichettati che possono essere utilizzati per migliorare ulteriormente il modello.

Passando ai casi studio, nel primo caso, supponiamo di dover classificare articoli di notizie in categorie diverse, ma abbiamo solo un piccolo set di dati etichettati. Utilizziamo l'approccio di self-training. Addestriamo un classificatore su un piccolo set di dati etichettati. Quindi, utilizziamo questo classificatore per etichettare una grande quantità di dati non etichettati. Infine, incorporiamo i dati etichettati nel set di addestramento e aggiorniamo il modello. Otteniamo una notevole espansione del set di dati etichettati, consentendo al modello di apprendere meglio le sfumature dei dati e migliorare le prestazioni complessive della classificazione.

Nel secondo caso, supponiamo di dover riconoscere diversi tipi di animali in immagini, ma abbiamo solo un piccolo set di dati etichettati. Utilizziamo l'approccio di co-training. Addestriamo due modelli di classificazione dell'immagine con due viste diverse delle immagini. Utilizziamo i modelli per etichettare una grande quantità di dati non etichettati e combiniamo le etichette per arricchire il set di addestramento. Il modello migliora notevolmente la sua capacità di riconoscere gli animali, grazie all'aggiunta dei dati etichettati generati durante il co-training.

In conclusione, l'apprendimento semi-supervisionato è un'importante tecnica di machine learning quando l'etichettatura manuale dei dati è costosa o impraticabile. Sfruttando l'informazione contenuta nei dati non etichettati, è possibile migliorare le prestazioni del modello e ottenere risultati significativamente migliori, come dimostrato nei casi studio sopra riportati. Incorporare approcci semi-supervisionati nella pratica del machine learning può portare a modelli più robusti e accurati, specialmente quando i dati etichettati sono limitati.

3.5 APPRENDIMENTO PROFONDO (DEEP LEARNING)

L'apprendimento profondo, o deep learning, è come un alleato tecnologico che ci aiuta a compiere passi da gigante nell'intelligenza artificiale. È una branca che si concentra sull'addestramento di reti neurali profonde per imparare a svolgere compiti senza bisogno di essere esplicitamente programmate. Questa tecnica, ispirata al funzionamento del cervello umano, ha rivoluzionato numerose industrie, portando innovazione e facilità nei settori più disparati.

Immagina: nel campo del riconoscimento di immagini, la Google Vision API agisce come un occhio digitale intelligente, utilizzando l'apprendimento profondo per classificare e rilevare oggetti in tempo reale. Ad esempio, un'azienda di e-commerce potrebbe affidarsi alla Google Vision API per organizzare automaticamente i propri prodotti basandosi sulle immagini caricate dagli utenti. Inoltre, nell'analisi delle immagini mediche, DeepMind Health assiste i medici nella diagnosi, interpretando e analizzando le immagini mediche per identificare e isolare aree specifiche di interesse. La segmentazione semantica, ad esempio, viene utilizzata per individuare e isolare tumori nel campo della diagnostica medica.

Nel riconoscimento del linguaggio naturale, sia Google Translate che DeepL diventano come maghi delle lingue, utilizzando reti neurali profonde per tradurre automaticamente e generare testo coerente. Immagina: Google Translate ti consente di tradurre istantaneamente il testo scritto in una lingua straniera su un'immagine catturata dalla fotocamera del telefono. Inoltre, alcune organizzazioni stanno sperimentando modelli di linguaggio generativo per la creazione automatica di articoli di notizie, aprendo le porte a un nuovo mondo di comunicazione e condivisione di informazioni.

Nei giochi, AlphaGo di DeepMind ha sconfitto il campione del mondo di Go, Lee Sedol, in una serie di partite, dimostrando la potenza delle reti neurali profonde. Allo stesso modo, OpenAI Five è stato in grado di sconfiggere squadre professionali umane nel gioco Dota 2, mostrando quanto l'apprendimento profondo possa competere a livelli molto alti.

Nell'assistenza sanitaria, IBM Watson for Oncology aiuta i medici nella diagnosi e nel trattamento del cancro, offrendo piani di trattamento personalizzati per i pazienti affetti da cancro. Inoltre, Insilico Medicine utilizza l'apprendimento profondo per progettare farmaci personalizzati, accelerando il processo di sviluppo di nuovi farmaci e portando speranza a chi combatte malattie.

Nella guida autonoma, Waymo utilizza reti neurali profonde per guidare i veicoli autonomamente, utilizzando l'analisi di immagini, sensori LIDAR e dati GPS. Questa tecnologia è fondamentale per rendere la guida autonoma una realtà pratica e sicura, aprendo la strada a un futuro in cui le strade saranno più sicure e il viaggio sarà più comodo che mai.

Infine, nella finanza, JPMorgan Chase utilizza reti neurali profonde per l'analisi dei rischi nei prestiti e nelle attività bancarie, aiutando a proteggere e gestire meglio i patrimoni delle persone. Questi esempi dimostrano come l'apprendimento profondo continuerà ad influenzare e migliorare le nostre vite in molteplici modi, rivoluzionando industrie e settori grazie alla sua capacità di riconoscere pattern complessi nei dati. Con il suo potenziale illimitato, il futuro reso possibile dall'apprendimento profondo è solo all'inizio!

3.6 ALGORITMI DI APPRENDIMENTO AUTOMATICO

Gli algoritmi di apprendimento automatico rappresentano il cuore pulsante della rivoluzione digitale odierna, consentendo ai computer di apprendere e migliorare le proprie performance senza essere esplicitamente programmati per farlo. La loro applicazione spazia da semplici task di riconoscimento di pattern a complesse decisioni autonome in ambiti quali la guida autonoma, il riconoscimento vocale, l'analisi dei sentimenti e molto altro ancora. Fondamentalmente, gli algoritmi di apprendimento automatico si basano sull'idea che i computer possano imparare da dati anziché essere programmati con un set di istruzioni fisse per eseguire un compito specifico. Ciò significa che, invece di essere esplicitamente programmati per eseguire una determinata attività, possono apprendere dai dati forniti. I principali tipi di apprendimento automatico includono l'apprendimento supervisionato, non supervisionato, semi-supervisionato e per rinforzo. Esempi pratici di applicazione includono il riconoscimento facciale, utilizzato per sbloccare telefoni cellulari e identificare individui sospetti negli aeroporti, come nel caso del "Sistema di Identificazione Automatica dei Viaggiatori" (ATIS) negli aeroporti cinesi; nell'assistenza sanitaria, gli algoritmi di apprendimento automatico vengono utilizzati per diagnosticare malattie, individuare tumori tramite esami radiologici e predire epidemie, come nel caso di Google che ha sviluppato un modello di apprendimento automatico per individuare il cancro al seno con una precisione simile o superiore a quella dei radiologi umani; nei veicoli a guida autonoma, che utilizzano algoritmi di apprendimento automatico per percepire l'ambiente circostante e prendere decisioni di guida, come nel caso di Waymo, la divisione di veicoli autonomi di Alphabet (società madre di Google); nel rilevamento delle frodi finanziarie, dove gli algoritmi di apprendimento automatico individuano modelli anomali nelle transazioni finanziarie per prevenirle, come nel caso di PayPal che utilizza tali algoritmi per individuare transazioni sospette e prevenire frodi; nella traduzione automatica, che utilizza algoritmi di apprendimento automatico per tradurre testi da una lingua all'altra, come nel caso di Google Translate che utilizza tali algoritmi per tradurre testi; nelle raccomandazioni di prodotti personalizzate in piattaforme di e-commerce e di streaming video, come nel caso di Netflix che utilizza algoritmi di apprendimento automatico per fare raccomandazioni personalizzate ai propri utenti basate sui loro modelli di visualizzazione e preferenze; nell'analisi dei sentimenti, che utilizza algoritmi di apprendimento automatico per individuare opinioni e sentimenti, come nel caso di Brandwatch che offre soluzioni per l'analisi dei sentimenti sui social media, utilizzando algoritmi di apprendimento automatico per comprendere le opinioni degli utenti; infine, nel riconoscimento vocale, che utilizza algoritmi di apprendimento automatico per interpretare il linguaggio umano, come nel caso degli assistenti vocali intelligenti come Alexa di Amazon, Siri di Apple e Google Assistant, che utilizzano tali algoritmi per interpretare il linguaggio umano e fornire risposte adeguate alle domande degli utenti, imparando continuamente dalle loro interazioni per migliorare le proprie capacità. Questi esempi dimostrano come gli algoritmi di apprendimento automatico stiano trasformando una vasta gamma di settori, fornendo soluzioni innovative e migliorando l'efficienza in molti campi diversi.

In conclusione, gli algoritmi di apprendimento automatico rappresentano una pietra miliare nella trasformazione digitale contemporanea, consentendo ai computer di apprendere e adattarsi autonomamente, senza la necessità di essere esplicitamente programmati. L'ampia gamma di applicazioni, che va dal riconoscimento facciale alla guida autonoma, dall'assistenza sanitaria al rilevamento delle frodi finanziarie, dimostra il potenziale rivoluzionario di questa tecnologia. Il continuo sviluppo e l'implementazione degli algoritmi di apprendimento automatico promettono di portare innovazione e miglioramento dell'efficienza in molteplici settori, aprendo la strada a un futuro sempre più interconnesso e intelligente.

3.7 VALUTAZIONE E OTTIMIZZAZIONE DEI MODELLI

La valutazione e l'ottimizzazione dei modelli costituiscono un aspetto cruciale nell'ambito del machine learning. Non solo è essenziale costruire modelli accurati, ma è altrettanto importante assicurarsi che siano in grado di generalizzare bene su dati non visti. Questo processo coinvolge valutare attentamente le prestazioni, identificare i punti deboli e apportare le modifiche necessarie per ottenere risultati migliori.

La valutazione dei modelli è il primo passo per determinare l'efficacia di un algoritmo di machine learning. La validazione incrociata (cross-validation) è uno dei metodi più comuni, permettendo di stimare l'accuratezza del modello quando viene applicato a dati non visti. Ad esempio, utilizzando la tecnica a 5-fold, il set di dati viene diviso in cinque parti uguali. Il modello viene addestrato su quattro parti e testato sulla quinta. Questo processo viene ripetuto fino a quando ogni parte non è stata utilizzata come set di test. Alla fine, i risultati vengono mediati per ottenere una stima più accurata delle prestazioni del modello. Le curve di apprendimento forniscono una visualizzazione dell'andamento dell'errore del modello in funzione della dimensione del set di addestramento, aiutando a determinare se il modello potrebbe beneficiare dall'aggiunta di ulteriori dati per l'addestramento o se soffre di overfitting (sovrapposizione eccessiva) o underfitting (addestramento insufficiente). La matrice di confusione è uno strumento utile per valutare le prestazioni di un algoritmo di classificazione. Per esempio, se si sta costruendo un modello per la classificazione di email in "spam" o "non spam", la matrice di confusione mostrerà il numero di email classificate correttamente e incorrettamente. Le curve ROC e l'Area Under the Curve (AUC) sono particolarmente utili nella valutazione delle prestazioni dei modelli di classificazione binaria, fornendo una misura della capacità di discriminazione del modello.

Una volta completata la fase di valutazione, è necessario ottimizzare il modello per migliorarne le prestazioni. Questo processo coinvolge spesso la messa a punto di iperparametri e la ricerca delle migliori configurazioni. La grid search e la random search sono approcci utilizzati per trovare la combinazione ottimale di iperparametri per un modello. Nel grid search, vengono testate tutte le combinazioni possibili di iperparametri all'interno di un determinato intervallo. Nella random search, le combinazioni sono scelte casualmente. Quest'ultimo può essere più efficiente in termini di tempo rispetto al grid search, soprattutto quando lo spazio degli iperparametri è ampio. Un altro metodo comune è l'ottimizzazione bayesiana, che sfrutta il teorema di Bayes per cercare la combinazione ottimale di iperparametri. Si basa sull'apprendimento del modello tramite le iterazioni precedenti per guidare la selezione dei successivi set di iperparametri. Spesso, l'ottimizzazione delle prestazioni di un modello può essere ottenuta tramite una migliore ingegnerizzazione delle caratteristiche. Questo processo coinvolge l'identificazione e la creazione di nuove variabili informative dai dati esistenti. La regolarizzazione viene utilizzata per evitare l'overfitting durante l'addestramento del modello. Riduce la complessità del modello mediante l'aggiunta di un termine di regolarizzazione al calcolo della funzione di perdita.

Supponiamo di dover affrontare un problema di classificazione di immagini utilizzando una rete neurale convoluzionale. Ecco come potremmo valutare e ottimizzare il modello: Utilizziamo la cross-validation per valutare le prestazioni del modello su diversi sottoinsiemi di dati, analizziamo le curve di apprendimento per determinare se il modello soffre di overfitting o underfitting e esaminiamo la matrice di confusione per valutare le prestazioni del modello su ciascuna classe di immagini. Utilizziamo la grid search per trovare la migliore combinazione di iperparametri per la CNN, come ad esempio il numero di strati, il numero di filtri per strato, le dimensioni dei filtri, e il tasso di apprendimento. Possiamo esplorare la possibilità di aggiungere nuovi strati o regolarizzazione per migliorare le prestazioni del modello, e infine, esploriamo tecniche di data augmentation per migliorare la generalizzazione del modello.

Un esempio concreto di come questi concetti si applicano è nell'ambito di un'applicazione di classificazione di immagini con una rete neurale convoluzionale (CNN). Supponiamo di dover affrontare un problema di classificazione di immagini utilizzando una CNN. In questo caso, useremo la cross-validation per valutare le prestazioni del modello su diversi sottoinsiemi di dati. Analizzeremo le curve di apprendimento per determinare se il modello soffre di overfitting o underfitting. Inoltre, esamineremo la matrice di confusione per valutare le prestazioni del modello su ciascuna classe di immagini. Utilizzeremo la grid search per trovare la migliore combinazione di iperparametri per la CNN, come ad esempio il numero di strati, il numero di filtri per strato, le dimensioni dei filtri e il tasso di apprendimento. Possiamo esplorare la possibilità di aggiungere nuovi strati o regolarizzazione per migliorare le prestazioni del modello. Infine, esploreremo tecniche di data augmentation per migliorare la generalizzazione del modello, come rotazione, zoom e traslazione delle immagini.

Concludendo, la valutazione e l'ottimizzazione dei modelli nel campo del machine learning sono fondamentali per il successo delle applicazioni di intelligenza artificiale. Attraverso una valutazione accurata e un'ottimizzazione mirata, è possibile massimizzare le prestazioni del modello, garantendo che sia in grado di generalizzare in modo efficiente e accurato su dati non visti. Ricordiamo che questo processo non solo migliora l'accuratezza del modello, ma ne assicura anche la robustezza e l'affidabilità. Ora, armiamoci di una solida comprensione dei metodi di valutazione e ottimizzazione, siamo pronti ad esplorare le infinite possibilità e le sfide che l'intelligenza artificiale ha da offrire.

CAPITOLO 4

RETI NEURALI ARTIFICIALI

4.1. CONCETTI FONDAMENTALI

Le reti neurali artificiali sono modelli computazionali ispirati dal funzionamento del cervello umano. Questi modelli sono formati da un insieme di neuroni artificiali interconnessi, organizzati in strati. Ogni neurone riceve input, elabora le informazioni e trasmette l'output agli altri neuroni connessi ad esso. I principali concetti fondamentali relativi alle reti neurali artificiali includono:

NEURONE ARTIFICIALE: Il neurone artificiale è l'elemento base di una rete neurale artificiale. Modellato sul neurone biologico, riceve uno o più input, li elabora attraverso una funzione di attivazione e produce un output. Ogni input è moltiplicato per un peso specifico, e il neurone somma questi prodotti pesati. Il risultato viene quindi sottoposto alla funzione di attivazione, che determina se il neurone deve essere attivato o meno.

Supponiamo di avere un neurone artificiale con due input, $x1x1$ e $x2x2$, e i rispettivi pesi $w1w1$ e $w2w2$. La somma pesata degli input è $z=(x1\times w1)+(x2\times w2)z=(x1\times w1)+(x2\times w2)$.

QUESTO CALCOLO È RAPPRESENTATO COME SEGUE:

$$z=(x1 \times w1)+(x2 \times w2)$$

La somma pesata degli input $x1$ e $x2$ è la base su cui verrà applicata la funzione di attivazione. L'output del neurone sarà determinato da questa somma pesata z, attraverso la funzione di attivazione f. La formula dell'output è:

$$y=f(z)$$

Dove f è la funzione di attivazione. Questa funzione determina se e in che misura il neurone deve essere attivato. Un'opzione comune per la funzione di attivazione è la ReLU (Rectified Linear Unit), che restituisce l'input se l'input è positivo e zero altrimenti. Quindi, se usiamo la ReLU come funzione di attivazione, l'output sarà:

y=max(0,z)

Quindi, in definitiva, l'output y del neurone sarà il risultato della funzione di attivazione applicata alla somma pesata degli input:

$$Y = \begin{cases} 0 & \text{se } z \leq 0 \\ z & \text{se } z > 0 \end{cases}$$

Questo esempio illustra come funziona un singolo neurone artificiale, che è l'elemento base di una rete neurale artificiale.

FUNZIONE DI ATTIVAZIONE: La funzione di attivazione è responsabile di introdurre non linearità nell'output di un neurone. Questa funzione, solitamente non lineare, determina se e in che misura un neurone deve essere attivato. Tra le funzioni di attivazione più comuni ci sono la sigmoide, la tangente iperbolica e la ReLU (Rectified Linear Unit).

La funzione di attivazione ReLU (Rectified Linear Unit) è una delle funzioni di attivazione più comuni utilizzate nei neuroni artificiali. Questa funzione è definita come:

$$f(z) = \max(0, z)$$

Dove z è la somma pesata degli input del neurone. Ora spieghiamo il significato di questa funzione di attivazione con un esempio:

Supponiamo di avere un neurone artificiale con due input, x_1 e x_2, e i relativi pesi w_1 e w_2. La somma pesata degli input è data da:

$$z = (x_1 \times w_1) + (x_2 \times w_2)$$

La funzione di attivazione ReLU $f(z)$ restituisce l'input z se z è maggiore di zero, altrimenti restituisce zero. Quindi, l'output y del neurone sarà:

$$y = \max(0, z)$$

Ora, se la somma pesata degli input z è positiva o zero, l'output del neurone sarà uguale a z. Se z è negativo, l'output sarà zero. In termini più semplici, se la somma pesata degli input è positiva o zero, il neurone "si attiverà", altrimenti rimarrà "inattivo"

AD ESEMPIO:

Se $z = 1.5$, allora $y = \max(0, 1.5) = 1.5$

Se $z=-0.8$, allora $y=\max(0,-0.8)=0$

La funzione ReLU è molto efficace e viene spesso utilizzata in reti neurali profonde a causa della sua semplicità e della sua capacità di accelerare il processo di addestramento. **STRUTTURA A STRATI**: Le reti neurali artificiali sono organizzate in strati di neuroni. I tre tipi principali di strati sono:

- **STRATO DI INPUT:** Riceve i dati in ingresso alla rete neurale.
- **STRATI NASCOSTI:** Neuroni all'interno di questi strati elaborano le informazioni ricevute dallo strato precedente, senza ricevere input direttamente dall'esterno.
- **STRATO DI OUTPUT:** Produce l'output finale della rete neurale.

CONNESSIONI PESATE: Ogni connessione tra i neuroni in due strati consecutivi ha associato un peso che indica l'importanza della connessione. Durante la fase di addestramento, questi pesi vengono regolati per ottimizzare le prestazioni della rete neurale.

APPRENDIMENTO: L'apprendimento è il processo attraverso il quale una rete neurale regola i suoi pesi in base ai dati di addestramento. Esistono diverse tecniche di apprendimento, tra cui l'apprendimento supervisionato e l'apprendimento non supervisionato.

FUNZIONE DI PERDITA (LOSS FUNCTION): La funzione di perdita è un indicatore dell'errore tra l'output previsto e l'output effettivo della rete neurale. L'obiettivo dell'addestramento è minimizzare questa funzione di perdita, adattando i pesi della rete neurale.

OTTIMIZZAZIONE: L'ottimizzazione si riferisce al processo di regolazione dei pesi della rete neurale per ridurre al minimo la funzione di perdita. Alcuni degli algoritmi di ottimizzazione più comuni includono la discesa del gradiente e le sue varianti.

RETI NEURALI PROFONDE (DNN): Le reti neurali profonde sono reti neurali artificiali con più di uno strato nascosto. Queste reti sono in grado di apprendere rappresentazioni complesse dei dati, e sono alla base di molti dei recenti avanzamenti nell'intelligenza artificiale.

RETI NEURALI CONVOLUZIONALI (CNN): Le reti neurali convoluzionali sono un tipo di rete neurale progettate per l'elaborazione di dati strutturati in griglia, come le immagini. Grazie alla loro capacità di catturare caratteristiche spaziali, le CNN sono ampiamente utilizzate nel campo della visione artificiale.

RETI NEURALI RICORRENTI (RNN): Le reti neurali ricorrenti sono un tipo di rete neurale progettate per l'elaborazione di dati sequenziali. Grazie alla loro capacità di mantenere uno stato interno, le RNN sono adatte per compiti come il riconoscimento del linguaggio naturale e la traduzione automatica.

OVERFITTING E UNDERFITTING: L'overfitting si verifica quando il modello impara i dati di addestramento troppo bene, riducendo la sua capacità di generalizzazione. Al contrario, l'underfitting si verifica quando il modello non è in grado di catturare la struttura dei dati di addestramento. La regolarizzazione è una tecnica comune per gestire l'overfitting.

In sintesi, le reti neurali artificiali rappresentano una potente classe di modelli di machine learning ispirati al funzionamento del cervello umano. Comprendere i concetti fondamentali come il neurone artificiale, la funzione di attivazione, la struttura a strati, le connessioni pesate, l'apprendimento, la funzione di perdita, l'ottimizzazione e le varie architetture neurali come le reti neurali profonde (DNN), le reti neurali convoluzionali (CNN) e le reti neurali ricorrenti (RNN) è essenziale per comprendere il funzionamento di queste reti e utilizzarle efficacemente.

4.2 ARCHITETTURE DI RETI NEURALI

Le architetture delle reti neurali giocano un ruolo fondamentale nello sviluppo e nell'efficacia dei modelli di intelligenza artificiale. Esistono diverse architetture di reti neurali, ognuna progettata per affrontare specifici compiti e problemi. Tra le più comuni e influenti ci sono:

RETI NEURALI FEEDFORWARD (FNN): Le reti neurali feedforward sono la forma più semplice di rete neurale, in cui l'informazione si muove in una direzione, avanti, senza cicli o loop. Un esempio comune di FNN è il percettrone a strato singolo, che è composto da un solo strato di nodi di input collegati direttamente a un singolo strato di nodi di output.

Reti Neurali Convoluzionali (CNN): Le reti neurali convoluzionali sono ampiamente utilizzate in applicazioni di visione artificiale. Sono progettate per riconoscere modelli spaziali all'interno dei dati. Queste reti estraggono automaticamente le caratteristiche salienti da immagini o dati spaziali, riducendo la complessità computazionale attraverso il concetto di convoluzione.

Immagina di addestrare una FNN con l'obiettivo di classificare correttamente le cifre scritte a mano in base alle immagini fornite dal dataset MNIST.

Prendiamo ad esempio il MNIST, un dataset di immagini di cifre scritte a mano. L'obiettivo è classificare correttamente le cifre scritte a mano in base alle immagini.

L'architettura della rete neurale si compone di un Input Layer con 784 nodi (28x28 pixel) e due Hidden Layer: il primo con 128 nodi e il secondo con 64 nodi. L'Output Layer ha 10 nodi (uno per ogni cifra da 0 a 9).

Dopo l'addestramento, la rete è in grado di classificare correttamente le cifre scritte a mano con un'accuratezza superiore al 98%. Questo caso dimostra l'efficacia delle reti neurali feedforward nella classificazione di immagini, aprendo la strada a una vasta gamma di applicazioni in intelligenza artificiale.

RETI NEURALI RICORRENTI (RNN): Le reti neurali ricorrenti sono adatte per modellare dati sequenziali, poiché mantengono una sorta di memoria. Ogni nodo in una RNN elabora un'informazione, utilizzando anche l'informazione precedentemente elaborata come input aggiuntivo. Sono molto efficaci nel lavorare con sequenze di dati, come il riconoscimento del linguaggio naturale o la previsione delle serie temporali. Queste ultime sono ampiamente utilizzate in applicazioni di visione artificiale. Sono progettate per riconoscere modelli spaziali all'interno dei dati. Queste reti estraggono automaticamente le caratteristiche salienti da immagini o dati spaziali, riducendo la complessità computazionale attraverso il concetto di convoluzione.

Prendiamo ad esempio il riconoscimento di oggetti, un compito cruciale nella visione artificiale. Utilizziamo un caso di studio in cui applichiamo una CNN per riconoscere oggetti all'interno di immagini.

Consideriamo il dataset CIFAR-10. L'obiettivo è riconoscere correttamente gli oggetti in immagini complesse.

L'architettura della rete si compone di diversi strati. L'input layer riceve immagini a colori con una risoluzione di 32x32x3. Seguono due convolutional layer, ognuno seguito da un max-pooling. Poi due fully connected layer e infine l'output layer con 10 nodi, uno per ogni categoria.

Nel dettaglio, il primo convolutional layer ha 32 filtri di dimensione 5x5, mentre il secondo convolutional layer ha 64 filtri di dimensione 5x5. I due fully connected layer contengono rispettivamente 1024 e 512 nodi.

Dopo l'addestramento, la rete raggiunge un'accuratezza superiore al 90% nel riconoscimento degli oggetti nelle immagini di test. Questo caso dimostra l'efficacia delle reti neurali convoluzionali nel riconoscimento di oggetti all'interno di immagini complesse, aprendo la strada a una vasta gamma di applicazioni in intelligenza artificiale.

RETI NEURALI RICORRENTI A LUNGO TERMINE (LSTM): Le LSTM sono una variazione delle reti neurali ricorrenti progettate per evitare il problema della scomparsa del gradiente. Sono in grado di mantenere e memorizzare informazioni per periodi di tempo più lunghi, rendendole particolarmente utili in compiti che richiedono la comprensione del contesto a lungo termine, come la traduzione automatica o la generazione di testo. Le reti neurali ricorrenti sono adatte per modellare dati sequenziali, poiché mantengono una sorta di memoria. Ogni nodo in una RNN elabora un'informazione, utilizzando anche l'informazione precedentemente elaborata come input aggiuntivo. Sono molto efficaci nel lavorare con sequenze di dati, come il riconoscimento del linguaggio naturale o la previsione delle serie temporali.

Prendiamo ad esempio la generazione di testo, un'applicazione comune per le reti neurali ricorrenti. Utilizziamo un caso di studio in cui addestriamo una RNN per generare automaticamente del testo basato su un corpus di testo preesistente.

Consideriamo le opere complete di William Shakespeare come dataset. L'obiettivo è generare automaticamente del testo che somigli allo stile di William Shakespeare.

L'architettura della rete si compone di diversi strati. L'input layer riceve il vocabolario del testo di Shakespeare. Segue un RNN layer, una rete ricorrente con 2 layer. Infine, l'output layer effettua la predizione del prossimo carattere.

Nel dettaglio, il layer LSTM è composto da 2 strati, ciascuno con 512 unità.

Dopo l'addestramento, la rete è in grado di generare del testo che assomiglia allo stile di Shakespeare. Questo caso dimostra l'efficacia delle reti neurali ricorrenti nella generazione automatica di testo, aprendo la strada a una vasta gamma di applicazioni in intelligenza artificiale.

RETI NEURALI GENERATIVE AVVERSARIALI (GAN): Le reti GAN consistono di due reti neurali: il generatore e il discriminatore. Il generatore crea nuovi dati sintetici, mentre il discriminatore cerca di distinguere tra i dati reali e quelli falsi creati dal generatore. Questo metodo è diventato popolare per generare immagini e dati sintetici di alta qualità. Le reti GAN, acronimo di Generative Adversarial Networks, rappresentano una delle innovazioni più rilevanti nel campo dell'intelligenza artificiale. Questo tipo di rete consiste di due componenti principali: il generatore e il discriminatore. Il generatore si occupa di creare nuovi dati sintetici, mentre il discriminatore ha il compito di distinguere tra dati reali e quelli falsi creati dal generatore. L'interazione tra queste due reti, in cui ognuna cerca di migliorarsi a discapito dell'altra, porta alla creazione di dati sintetici sempre più realistici.

Questo metodo è diventato estremamente popolare per generare immagini e dati sintetici di alta qualità.

Immaginiamo di voler generare volti sintetici che sembrino autentici utilizzando le immagini del dataset CelebA, che contiene immagini di volti di celebrità, come punto di partenza per addestrare una rete GAN. La rete GAN si compone di due parti principali:

- Generatore: Questo strato genera le immagini.
- Discriminatore: Questo strato classifica se le immagini sono reali o sintetiche.

Il generatore è composto da un multi-layer perceptron, mentre il discriminatore è costituito da una rete neurale convoluzionale (CNN).

Dopo l'addestramento, il generatore è in grado di produrre immagini di volti umani che sembrano autentiche. Questo caso di studio dimostra l'efficacia delle reti GAN nella generazione di immagini sintetiche di alta qualità, aprendo la strada a una vasta gamma di applicazioni in intelligenza artificiale.

RETI NEURALI TRASFORMATIVE (TNN): Le reti neurali trasformative sono progettate per il trattamento di dati sequenziali, come il linguaggio naturale, eseguendo trasformazioni su lunghe sequenze di simboli. Sono promettenti per le applicazioni di generazione del linguaggio naturale e traduzione automatica. Le reti neurali trasformative sono progettate per il trattamento di dati sequenziali, come il linguaggio naturale, eseguendo trasformazioni su lunghe sequenze di simboli. Sono promettenti per le applicazioni di generazione del linguaggio naturale e traduzione automatica.

Ad esempio, le reti neurali trasformative sono state proposte come alternative promettenti per compiti di traduzione automatica. In un caso di studio, il dataset è costituito da frasi tradotte in diverse lingue. L'architettura scelta è una TNN (Transformative Neural Network). L'obiettivo è tradurre automaticamente le frasi da una lingua all'altra. L'architettura della rete è divisa in tre parti: un input layer per le frasi in lingua di partenza, uno strato TNN con due strati di trasformatori e un output layer per le frasi tradotte nella lingua di destinazione. Nell'implementazione, i trasformatori sono costituiti da due strati con 4 attention heads ciascuno.

I risultati mostrano che dopo l'addestramento, la rete è in grado di tradurre le frasi con un'accuratezza molto alta.

Questi casi di studio dimostrano l'efficacia delle diverse architetture delle reti neurali nei vari compiti di intelligenza artificiale, dalla classificazione delle immagini alla generazione di testo e alla traduzione automatica. La scelta dell'architettura corretta dipende dal problema da risolvere e dalla natura dei dati coinvolti. La sperimentazione e l'adattamento delle architetture esistenti sono essenziali per ottenere risultati ottimali in un determinato compito.

Queste architetture rappresentano solo una parte delle molte reti neurali sviluppate per affrontare una vasta gamma di problemi. La scelta dell'architettura corretta dipende dal problema da risolvere e dalla natura dei dati coinvolti. La sperimentazione e l'adattamento delle architetture esistenti sono essenziali per ottenere risultati ottimali in un determinato compito.

4.3 APPLICAZIONI DELLE RETI NEURALI

Le reti neurali, ispirate al funzionamento del cervello umano, sono al centro di numerose applicazioni grazie alla loro capacità di apprendimento automatico e di adattamento. Esaminiamo alcuni esempi e casi studio delle loro principali applicazioni.

Nel campo del **Riconoscimento del Linguaggio Naturale (NLP)**, BERT (Bidirectional Encoder Representations from Transformers), sviluppato da Google, ha cambiato il gioco, permettendo alle macchine di comprendere il contesto e il significato delle parole in una frase. GPT-3 (Generative Pre-trained Transformer 3) di OpenAI, invece, è in grado di comporre articoli, scrivere codice, rispondere a domande e altro ancora, dimostrando un'eccezionale comprensione e generazione del linguaggio naturale. Passando alla **Computer Vision**, reti come ResNet (Residual Neural Network) e InceptionV3 sono state utilizzate rispettivamente per la classificazione e il riconoscimento di immagini. Nel settore automobilistico, Tesla utilizza reti neurali, inclusa la rete neurale di visione Tesla (Tesla Vision), per la sua tecnologia di guida autonoma, mentre Waymo sfrutta reti neurali avanzate per sviluppare una tecnologia di guida autonoma. Nell'ambito della **Medicina**, le reti neurali sono utilizzate per diagnosticare la retinopatia diabetica (es. IDx-DR) e predire l'insufficienza renale acuta (Google), offrendo una prospettiva rivoluzionaria per le cure mediche. In campo **Finanziario**, AlphaSense e Goldman Sachs utilizzano reti neurali per l'analisi di testi finanziari e notizie, permettendo agli investitori di ottenere informazioni più rapidamente e prendere decisioni di investimento più intelligenti. Nei **Giochi**, AlphaGo di DeepMind e OpenAI Five sono esempi di reti neurali che giocano rispettivamente a Go e Dota 2, sfidando e superando i campioni umani. Nella **Produzione**, le reti neurali vengono impiegate per ottimizzare i processi, come nel caso di Fanuc e Siemens, riducendo gli sprechi e migliorando l'efficienza. Le reti neurali sono inoltre utilizzate per il **Riconoscimento vocale** (es. Siri e Google Assistant) e per la **Sicurezza informatica** (es. Darktrace), rilevando attività sospette e proteggendo le organizzazioni da minacce informatiche. In sintesi, queste applicazioni e casi studio dimostrano l'ampia gamma di settori in cui le reti neurali hanno un impatto significativo, migliorando l'efficienza, l'accuratezza e la velocità delle attività umane.

Le reti neurali, ispirate al funzionamento del cervello umano, rappresentano una vera e propria rivoluzione grazie alla loro capacità di apprendimento automatico e di adattamento. Esaminando alcuni esempi e casi studio delle loro principali applicazioni, possiamo constatare l'incredibile impatto che hanno avuto in una vasta gamma di settori. Dal riconoscimento del linguaggio naturale alla computer vision, dall'automazione industriale alla medicina, le reti neurali stanno trasformando radicalmente il modo in cui interagiamo con la tecnologia e affrontiamo le sfide quotidiane. Sono strumenti potenti che migliorano l'efficienza, l'accuratezza e la velocità delle attività umane. Tuttavia, il loro potenziale è ancora in gran parte inesplorato e il loro impatto futuro potrebbe essere ancora più straordinario. Con il continuo sviluppo e l'implementazione di nuove tecniche e architetture, le reti neurali continueranno a guidare l'innovazione e a plasmare il nostro futuro in modi che non avremmo mai potuto immaginare.

4.4 ALLENAMENTO DELLE RETI NEURALI

L'allenamento delle reti neurali rappresenta un processo fondamentale nel campo dell'intelligenza artificiale e del machine learning. Durante questa fase, il modello di rete neurale impara dai dati di addestramento, regolando i pesi e i bias delle connessioni tra i neuroni al fine di minimizzare una funzione di perdita. Questo processo può essere suddiviso in diverse fasi chiave.

INIZIALIZZAZIONE CASUALE DEI PESI: Inizialmente, si procede con l'inizializzazione casuale dei pesi della rete neurale. Questa fase è cruciale poiché inizia l'intero processo di apprendimento. Una buona inizializzazione può aiutare a evitare problemi come il vanishing gradient o l'exploding gradient durante l'allenamento.

FORWARD PROPAGATION: Durante la fase di forward propagation, i dati di addestramento vengono passati attraverso la rete neurale. I pesi vengono moltiplicati per i dati di input e vengono sommati i bias. Quindi, questi valori vengono passati attraverso una funzione di attivazione per ottenere l'output del neurone.

CALCOLO DELLA PERDITA: Dopo il passaggio attraverso la rete neurale, viene calcolata la perdita (o l'errore) tra l'output previsto e l'output desiderato. Questo passaggio coinvolge la comparazione tra l'output predetto dalla rete neurale e l'output reale.

BACKPROPAGATION: Successivamente, si procede con l'utilizzo dell'algoritmo di backpropagation per calcolare il gradiente della funzione di perdita rispetto ai pesi della rete. Questo calcolo viene eseguito utilizzando la regola della catena. Il gradiente viene quindi utilizzato per aggiornare i pesi della rete neurale al fine di ridurre l'errore nella previsione.

AGGIORNAMENTO DEI PESI: I pesi della rete neurale vengono quindi aggiornati utilizzando un'ottimizzazione come la discesa del gradiente stocastico (SGD), Adam, RMSProp, ecc. L'obiettivo è ridurre gradualmente l'errore di previsione regolando i pesi della rete.

ITERAZIONE DELLE EPOCHE: Questi passaggi vengono ripetuti per un numero predeterminato di epoche o fino a quando la rete raggiunge una certa accuratezza sui dati di addestramento. Durante questo processo, la rete neurale impara a rappresentare i dati di addestramento, in modo che possa generalizzare e fare previsioni accurate su nuovi dati.

TEST E VALUTAZIONE: Dopo l'allenamento, la rete viene generalmente testata su un insieme di dati non visti, il set di dati di test, per valutare le sue prestazioni. In questa fase, vengono identificati problemi come overfitting o underfitting. È possibile che durante la validazione si renda necessario il tuning degli iperparametri, come la velocità di apprendimento o il numero di epoche, al fine di migliorare le prestazioni della rete.

DISTRIBUZIONE E UTILIZZO: Una volta che la rete neurale ha dimostrato buone prestazioni sui dati di test, può essere distribuita e utilizzata per fare previsioni su nuovi dati.

Oltre a queste fasi generali, esaminiamo alcuni casi studio che illustrano l'efficacia del processo di allenamento delle reti neurali in diversi contesti.

Nel primo caso, ci concentriamo sul riconoscimento delle immagini utilizzando il MNIST Dataset. L'obiettivo è la classificazione di immagini tra 10 categorie diverse, rappresentate dai numeri da 0 a 9.

Per questo caso, sfruttiamo il MNIST dataset che include 60.000 immagini di cifre scritte a mano per l'addestramento e 10.000 per la validazione. Utilizziamo una rete neurale convoluzionale (CNN) con strati convoluzionali e strati completamente connessi. Una CNN addestrata con successo può raggiungere una precisione del 99% nel riconoscere le cifre scritte a mano.

Nel secondo caso, ci concentriamo sul riconoscimento del linguaggio naturale utilizzando le reti neurali ricorrenti (RNN). Prendiamo come esempio l'IMDB Movie Reviews Dataset, il cui obiettivo è la classificazione di recensioni di film tra recensioni positive e negative. Utilizzeremo il dataset IMDB composto da recensioni di film etichettate come positive o negative. Utilizzeremo una rete neurale ricorrente (RNN) con uno strato di embedding, uno strato LSTM e uno strato completamente connesso. Un modello RNN addestrato con successo può raggiungere un'accuratezza del 90% nella classificazione delle recensioni di film come positive o negative.

Nel terzo caso, ci concentreremo sulla predizione del prezzo delle azioni utilizzando la potente tecnica delle Long Short-Term Memory (LSTM). Prenderemo come esempio un dataset proveniente da Yahoo Finance. L'obiettivo è utilizzare i dati storici sul prezzo delle azioni, il volume degli scambi e altri parametri rilevanti per predire con precisione il prezzo futuro delle azioni. Sfruttando una rete neurale ricorrente (RNN) con uno strato LSTM e uno strato completamente connesso, potremo analizzare le complesse relazioni nei dati nel corso del tempo. Un modello LSTM addestrato con successo avrà la capacità di comprendere i pattern e le tendenze nei dati storici e di tradurli in previsioni accurate dei prezzi delle azioni. Questo approccio può offrire una visione chiara e informativa sulle fluttuazioni del mercato azionario, aiutando gli investitori e gli analisti a prendere decisioni più informate e tempestive.

Un ulteriore caso, è quello della segmentazione delle immagini biomediche utilizzando una U-Net. Utilizzando dataset come BraTS (Brain Tumor Segmentation) o ISIC (International Skin Imaging Collaboration), possiamo affrontare il problema della segmentazione delle immagini biomediche. Utilizzeremo una U-Net, una rete neurale convoluzionale progettata per la segmentazione delle immagini, composta da un'area di contrazione seguita da un'area di espansione. Una U-Net addestrata con successo può segmentare con precisione immagini biomediche, identificando aree di interesse come tumori cerebrali o lesioni cutanee.

Infine, la predizione della prossima parola in una sequenza di testo utilizzando una rete neurale trasformativa (Transformer). Prendendo ispirazione dal modello GPT (Generative Pre-trained Transformer) e utilizzando dataset come WikiText-2, possiamo addestrare una rete neurale trasformativa per la predizione del linguaggio naturale. Questa architettura, come i modelli GPT, prevede la prossima parola in una sequenza di testo. Un modello Transformer addestrato con successo può predire con precisione la parola successiva in base al contesto del testo, rendendolo estremamente utile per compiti di generazione di testo, completamento automatico e correzione automatica.

In definitiva, attraverso fasi ben definite come l'inizializzazione dei pesi, la propagazione in avanti, il calcolo della perdita, il backpropagation, l'aggiornamento dei pesi, l'iterazione delle epoche, e il test finale, le reti neurali si addestrano per comprendere e rappresentare i dati, in modo da generalizzare e fare previsioni precise su nuovi dati.

Questo processo, oltre ad essere una pietra miliare nel campo dell'IA, trova applicazioni in diversi contesti, come dimostrato dai casi studio presentati:

Nel primo caso, utilizzando il MNIST Dataset, una rete neurale convoluzionale (CNN) addestrata con successo, raggiunge una precisione del 99% nel riconoscere le cifre scritte a mano. Nel secondo caso, con l'IMDB Movie Reviews Dataset, una rete neurale ricorrente (RNN) può raggiungere un'accuratezza dell'90% nella classificazione delle recensioni di film come positive o negative.

Questi esempi dimostrano l'efficacia e la versatilità del processo di allenamento delle reti neurali, aprendo la strada a un futuro in cui le macchine possono analizzare, comprendere e rispondere in modi sempre più simili all'essere umano.

L'allenamento delle reti neurali è una delle chiavi principali per sbloccare il pieno potenziale dell'intelligenza artificiale e sarà fondamentale nel plasmare il nostro futuro digitale.

4.5 RETI NEURALI CONVOLUZIONALI (CNN)

Le reti neurali convoluzionali (CNN) rappresentano una tecnologia rivoluzionaria nel campo dell'elaborazione delle immagini e delle reti neurali artificiali. Questi modelli sono stati fondamentali in molte applicazioni di intelligenza artificiale, come il riconoscimento di immagini, la classificazione delle immagini, il rilevamento degli oggetti, l'analisi delle immagini mediche e molto altro.

Le CNN sono ispirate dal funzionamento del cervello umano e sono caratterizzate dall'uso di layer convoluzionali, che consentono di individuare automaticamente le caratteristiche significative delle immagini. Ciò le rende estremamente efficaci nel riconoscimento di pattern all'interno di immagini.

Un classico esempio di CNN è il modello LeNet-5, sviluppato da Yann LeCun alla fine degli anni '90, progettato originariamente per il riconoscimento di caratteri scritti a mano. Successivamente, nel 2012, AlexNet ha dimostrato il potenziale delle CNN vincendo la competizione ImageNet Large Scale Visual Recognition Challenge (ILSVRC) con un'enorme differenza rispetto ai suoi concorrenti. Da allora, sono state sviluppate molte varianti e miglioramenti delle CNN.

BRUNO GADOLA

LA STRUTTURA DI BASE DI UNA CNN È COMPOSTA DA DIVERSI LAYER, TRA CUI:

LAYER DI CONVOLUZIONE: Questi layer applicano un set di filtri convoluzionali per rilevare le feature dell'immagine di input. I filtri convoluzionali sono matrici di pesi che scorrono sull'immagine di input per produrre delle mappe delle caratteristiche.
LAYER DI POOLING: Dopo il layer di convoluzione, spesso segue un layer di pooling, che riduce la dimensionalità delle mappe delle caratteristiche, mantenendo le informazioni più significative. Il max pooling è un esempio comune di operazione di pooling.

LAYER COMPLETAMENTE CONNESSI: Questi layer sono simili ai neuroni in una rete neurale tradizionale. Ricevono input da tutte le feature calcolate nei layer precedenti e sono utilizzati per la classificazione finale.

LAYER DI ATTIVAZIONE: Insieme ad ogni layer convoluzionale e fully connected, si applica una funzione di attivazione (spesso ReLU, ma possono essere usate anche altre) per introdurre non linearità nell'output del layer.
L'addestramento di una CNN coinvolge la messa a punto dei pesi di questi filtri in modo che la rete possa apprendere automaticamente le migliori feature per il compito che deve svolgere.

Le CNN sono ampiamente utilizzate nel riconoscimento di immagini, come il riconoscimento di volti umani, dove Facebook o Google le impiegano per identificare amici nelle foto. Inoltre, possono essere addestrate per classificare le immagini in diverse categorie, come nel celebre esempio di ImageNet, dove AlexNet ha dimostrato il potenziale delle CNN vincendo la competizione ImageNet Large Scale Visual Recognition Challenge (ILSVRC).

Nell'ambito del rilevamento degli oggetti, le CNN possono essere utilizzate per individuare veicoli all'interno di una scena stradale, fornendo un supporto fondamentale per le automobili autonome nel riconoscere e reagire agli oggetti nella loro strada. In questo contesto, l'utilizzo delle CNN nel rilevamento di veicoli in una scena stradale è essenziale per garantire la sicurezza e l'efficienza delle automobili autonome.

Nell'analisi delle immagini mediche, le CNN sono utilizzate per individuare tumori nelle scansioni MRI del cervello, assistendo i medici nella diagnosi precoce e nella pianificazione del trattamento. La capacità delle CNN di analizzare le scansioni MRI del cervello per individuare e segmentare i tumori è un esempio della loro importanza nel settore sanitario, poiché migliorano notevolmente la precisione e l'efficienza della diagnosi. Inoltre, le CNN possono essere addestrate per segmentare gli organi in una scansione CT, facilitando l'identificazione delle strutture anatomiche e delle eventuali anomalie.

Infine, nell'ambito della sorveglianza video, le CNN possono essere impiegate per rilevare attività sospette in un magazzino, migliorando la sicurezza e la sorveglianza in ambienti sensibili. L'utilizzo delle CNN per il rilevamento di attività sospette in un magazzino è cruciale per garantire la sicurezza dei beni e del personale, riducendo al minimo il rischio di furti o danneggiamenti.

In sintesi, le CNN sono una delle pietre miliari dell'intelligenza artificiale, specialmente nell'ambito del riconoscimento di immagini. La loro capacità di estrarre autonomamente le caratteristiche principali dalle immagini le rende strumenti essenziali in una vasta gamma di applicazioni, dalla sorveglianza video all'analisi medica.

4.6 RETI NEURALI RICORRENTI (RNN)

Le reti neurali ricorrenti (RNN) rappresentano una classe di reti neurali artificiali specializzate nell'elaborazione di dati sequenziali. A differenza delle reti neurali feedforward, che elaborano un'entrata statica e producono un'uscita statica senza memoria, le RNN mantengono uno stato interno che consente loro di memorizzare informazioni su input precedenti. Questa capacità le rende particolarmente adatte per una vasta gamma di compiti che coinvolgono sequenze di dati, come il riconoscimento del linguaggio naturale, la traduzione automatica, la generazione di testo e molto altro.

Una delle caratteristiche principali delle RNN è la loro struttura a ciclo, che permette loro di mantenere una "memoria" delle informazioni processate in precedenza. L'output di un passaggio temporale viene utilizzato come input nel successivo, consentendo alla rete di elaborare dati sequenziali in modo dinamico. Tuttavia, le RNN tradizionali possono soffrire di problemi di "scomparsa del gradiente", in cui l'informazione sulla sequenza a lungo termine si perde man mano che l'informazione viaggia all'indietro nella rete durante il processo di addestramento. Questo ha limitato l'efficacia delle RNN in alcune applicazioni.

Per affrontare questo problema, sono state sviluppate varianti più avanzate di RNN, come le Long Short-Term Memory (LSTM) e le Gated Recurrent Unit (GRU), che consentono alle reti neurali ricorrenti di imparare e mantenere relazioni a lungo termine in sequenze di dati.

Le LSTM risolvono il problema della scomparsa del gradiente introducendo una "cella di memoria" che può mantenere informazioni per lunghi periodi di tempo. Questa struttura permette alle LSTM di imparare dipendenze a lungo termine e di evitare il problema del gradiente che svanisce.

Le GRU sono un'altra variante delle RNN progettata per semplificare l'architettura delle LSTM, pur mantenendo risultati simili. Le GRU combinano le porte di input e d'output delle LSTM in una singola "porta di aggiornamento" e combinano la "cella di memoria" e la "porta di dimenticanza" in una "porta di reset". Questo le rende computazionalmente meno costose delle LSTM e, in alcuni casi, più facili da addestrare.

Ecco alcuni esempi di come le reti neurali ricorrenti (RNN), insieme alle loro varianti LSTM e GRU, vengono utilizzate in diversi contesti:

GENERAZIONE DI TESTO: Le reti neurali ricorrenti sono ampiamente utilizzate per generare testo in modo coerente e contestualmente rilevante. Questo è possibile grazie alla capacità delle RNN di mantenere uno stato interno che consente loro di memorizzare informazioni su input precedenti. Immaginiamo di voler completare la frase: "La temperatura è molto bassa, penso che". Un modello di linguaggio basato su RNN potrebbe generare la seguente continuazione:

- Input: "La temperatura è molto bassa, penso che"
- Output (Generato dalla RNN): "Dovremmo rimanere al chiuso e accendere il riscaldamento. Forse possiamo preparare una tazza di cioccolata calda e rilassarci sul divano."

In questo esempio, la rete neurale ha compreso il contesto fornito dal testo iniziale e ha prodotto una continuazione coerente, suggerendo che, data una temperatura fredda, potrebbe essere una buona idea rimanere al chiuso, accendere il riscaldamento e preparare una tazza di cioccolata calda per rilassarsi. Questo esempio dimostra la capacità delle reti neurali ricorrenti di generare testo contestualmente rilevante, fornendo un'anteprima di come queste reti possono essere utilizzate per compiti quali l'autocompletamento di testo, la generazione di dialoghi, la scrittura automatica e altro ancora.

TRADUZIONE AUTOMATICA: Le reti neurali ricorrenti, in particolare le varianti LSTM (Long Short-Term Memory) e GRU (Gated Recurrent Unit), sono utilizzate per tradurre automaticamente il testo da una lingua all'altra. Questo tipo di rete neurale è in grado di comprendere il contesto e le regole linguistiche delle due lingue coinvolte per produrre una traduzione coerente e accurata. Ecco un esempio di traduzione automatica:

- Input (Inglese): "How are you?"
- Output (Italiano) (Generato dalla RNN): "Come stai?"

In questo esempio, la rete neurale ha tradotto correttamente l'inglese "How are you?" in italiano "Come stai?", dimostrando la capacità delle reti neurali ricorrenti di tradurre testo da una lingua all'altra in modo accurato e contestualmente rilevante. Le reti neurali ricorrenti, grazie alle loro varianti LSTM e GRU, sono fondamentali per applicazioni come la traduzione automatica, consentendo alle macchine di superare le barriere linguistiche e di comunicare in modo più efficiente in contesti multilingue.

RICONOSCIMENTO DEL PARLATO: Le reti neurali ricorrenti, in particolare le LSTM (Long Short-Term Memory), sono impiegate nel riconoscimento del parlato, consentendo ai computer di interpretare e comprendere il linguaggio parlato. Questo tipo di rete neurale è in grado di trasformare l'audio in testo, permettendo ai computer di comprendere e interagire con gli utenti attraverso il linguaggio parlato. Ecco un esempio di riconoscimento del parlato:

- Input (Audio): "Ciao, come stai?"
- Output (Trascrizione) (Generato dalla RNN): "Ciao, come stai?"

In questo esempio, la rete neurale ha trasformato correttamente l'audio "Ciao, come stai?" in testo, dimostrando la capacità delle reti neurali ricorrenti, in particolare le LSTM, di convertire il linguaggio parlato in testo scritto. Questa tecnologia è fondamentale in applicazioni come i sistemi di riconoscimento vocale, assistenti virtuali e trascrizioni automatiche di audio e video. Grazie alle reti neurali ricorrenti, è possibile ottenere un'interazione più naturale e immediata con le macchine, consentendo loro di comprendere e rispondere al linguaggio parlato con una precisione sempre maggiore.

In conclusione, le reti neurali ricorrenti (RNN), insieme alle loro varianti più avanzate come le LSTM e le GRU, giocano un ruolo fondamentale in molte applicazioni di elaborazione del linguaggio naturale e di dati sequenziali, consentendo alle macchine di compiere passi significativi verso la comprensione e la generazione di testo, il riconoscimento del parlato, la traduzione automatica e molto altro.

CAPITOLO 5

ELABORAZIONE DEL LINGUAGGIO NATURALE (NLP)

5.1. INTRODUZIONE ELABORAZIONE DEL LINGUAGGIO NATURALE (NLP)

L'Elaborazione del Linguaggio Naturale (NLP) rappresenta un ambito affascinante e in continua evoluzione nell'ambito dell'Intelligenza Artificiale (IA). Nonostante i notevoli progressi nella potenza computazionale, i computer hanno ancora difficoltà a comprendere e generare linguaggio umano in modo naturale. Tuttavia, grazie al NLP, stiamo assistendo a una trasformazione significativa di questa sfida apparentemente insormontabile.

Immagina di interagire con un assistente virtuale che comprende i tuoi comandi vocali, analizza e risponde ai tuoi messaggi di testo come farebbe un amico, o addirittura traduce istantaneamente un documento scritto in una lingua straniera. Tutto questo è reso possibile dal NLP.

Ad esempio, i sistemi di traduzione automatica come Google Translate utilizzano l'NLP per comprendere la struttura e il significato delle frasi in una lingua e tradurle in un'altra. Questo processo non si limita alla traduzione parola per parola, ma tiene conto del contesto e del significato più ampio della frase per garantire una traduzione accurata e comprensibile.

Inoltre, l'NLP è alla base dei motori di ricerca intelligenti che riescono a comprendere le intenzioni degli utenti e fornire risultati pertinenti. Un esempio comune è l'autocompletamento delle query di ricerca su Google, che suggerisce le frasi più probabili in base a ciò che l'utente ha digitato finora.

Nel mondo del lavoro, l'NLP trova applicazione nella trascrizione automatica di registrazioni audio, nell'estrazione di informazioni da documenti legali o finanziari e persino nell'analisi del sentiment nelle recensioni dei clienti. Queste capacità consentono di automatizzare compiti ripetitivi e consentono ai professionisti di concentrarsi su attività ad alto valore aggiunto.

In sintesi, l'NLP sta rivoluzionando la comunicazione uomo-macchina, consentendo ai computer di comprendere e generare linguaggio umano in modo sempre più naturale. Con il continuo sviluppo di questa tecnologia, ci aspettiamo di vedere ancora più progressi nel modo in cui interagiamo con i computer e sfruttiamo il potenziale del linguaggio naturale nelle nostre vite personali e professionali.

Google Translate, ad esempio, utilizza un'ampia gamma di tecniche NLP, comprese reti neurali ricorrenti (RNN) e trasformatori. Questi modelli sono addestrati su enormi corpora di testo multilingue per comprendere le relazioni semantiche tra le parole e le strutture linguistiche delle diverse lingue. Il suo approccio alla traduzione non si limita a tradurre parola per parola, ma cerca di comprendere il contesto e il significato più ampio delle frasi per produrre traduzioni fluide e accurate. Ciò include la considerazione di costrutti grammaticali, espressioni idiomatiche e sfumature linguistiche. Google Translate ha rivoluzionato la comunicazione internazionale, consentendo a persone di tutto il mondo di comunicare in lingue diverse senza la necessità di conoscere una lingua straniera. Questo ha aperto nuove opportunità di collaborazione, commercio e comprensione culturale su scala globale.

I chatbot di servizio clienti, invece, spesso utilizzano modelli NLP basati su trasformatori, come BERT o GPT, per comprendere le richieste degli utenti e generare risposte appropriate. Possono essere personalizzati per rispondere alle esigenze specifiche di un'azienda e dei suoi clienti, integrando anche database aziendali per fornire informazioni aggiornate. Le aziende che li impiegano hanno riscontrato un miglioramento significativo nell'efficienza operativa e nella soddisfazione del cliente, gestendo un elevato volume di richieste in modo tempestivo e fornendo risposte accurate 24/7.

L'analisi del sentiment utilizza algoritmi NLP per valutare il tono emotivo di un testo, applicando tecniche come l'analisi delle parole chiave e la valutazione della struttura delle frasi. Le aziende lo utilizzano per monitorare l'opinione dei clienti su prodotti, servizi o marchi, individuando trend e adattando strategie di marketing e comunicazione di conseguenza. Ad esempio, un'azienda di e-commerce può individuare rapidamente eventuali problemi con un prodotto o un servizio e rispondere prontamente per migliorare l'esperienza del cliente.

Infine, i sistemi di riconoscimento vocale si basano sull'NLP per convertire il parlato in testo, rendendo più accessibili le tecnologie digitali e migliorando l'efficienza operativa in settori come la medicina.

Ognuno di questi casi illustra dettagliatamente le tecnologie NLP utilizzate, le loro applicazioni pratiche e l'impatto che hanno avuto su settori specifici. Questi esempi dimostrano l'ampia gamma di possibilità offerte dall'NLP e come stia trasformando il modo in cui interagiamo con la tecnologia e con il mondo che ci circonda.

5.2 TOKENIZZAZIONE

La tokenizzazione è un processo fondamentale per proteggere i dati sensibili, sostituendoli con una stringa di caratteri generata casualmente, chiamata "token". Questo token non ha alcun significato o valore intrinseco, ma viene utilizzato come riferimento per l'informazione originale. Il mapping tra l'informazione originale e il token corrispondente è conservato in modo sicuro.

VEDIAMO INSIEME COME FUNZIONA LA TOKENIZZAZIONE:

IDENTIFICAZIONE DEI DATI SENSIBILI: In primo luogo, è necessario individuare i dati sensibili che devono essere protetti, come i numeri di carte di credito o le informazioni personali. Ad esempio, durante una transazione finanziaria online, il numero della carta di credito è un dato sensibile che deve essere protetto. Quando un cliente inserisce il proprio numero di carta di credito per effettuare un pagamento, questo numero viene identificato come un dato sensibile che richiede protezione.

GENERAZIONE DEL TOKEN: I dati sensibili vengono sostituiti con un token, che è una stringa di caratteri generata casualmente. Ad esempio, consideriamo un numero di carta di credito: "1234 5678 9012 3456". Dopo la tokenizzazione, questo numero potrebbe essere sostituito con un token come "Tkn_4567XyZ". Questo token non ha alcun significato intrinseco e non può essere utilizzato per risalire ai dati sensibili originali senza l'accesso appropriato al mapping.

CONSERVAZIONE DEL MAPPING: Il mapping tra i dati sensibili originali e i token corrispondenti viene conservato in modo sicuro in un database. Ad esempio, nel nostro database, associamo il numero della carta di credito originale "1234 5678 9012 3456" al token "Tkn_4567XyZ". Questo mapping è conservato in modo sicuro, garantendo che solo chi ha accesso appropriato possa risalire al dato sensibile originale.

UTILIZZO DEL TOKEN: Durante le transazioni o l'accesso ai dati, viene utilizzato il token anziché i dati sensibili originali. Ad esempio, quando un commerciante processa un pagamento, il sistema sostituirà il numero della carta di credito con il token corrispondente. Se un cliente inserisse "Tkn_4567XyZ" come numero della carta di credito durante un acquisto online, il sistema riconoscerebbe il token e lo associerebbe al numero di carta di credito originale. Questo protegge i dati sensibili nel caso di intercettazioni dei dati. Il token non può essere utilizzato per effettuare una transazione senza il mapping appropriato, garantendo così la sicurezza dei dati.

La tokenizzazione dei dati rappresenta una strategia fondamentale per proteggere le informazioni sensibili. Riduce notevolmente il rischio di furto di dati, poiché i token non possono essere utilizzati per risalire ai dati originali senza l'accesso appropriato al mapping. Questo non solo garantisce la sicurezza dei dati, ma può anche aiutare le organizzazioni a raggiungere la conformità normativa, come il GDPR in Europa o le normative PCI DSS per le transazioni con carta di credito.

Tuttavia, nonostante i suoi benefici, la tokenizzazione non è priva di sfide. L'implementazione può essere complessa, richiedendo modifiche significative all'architettura dei sistemi esistenti. Inoltre, comporta costi aggiuntivi, sia per l'implementazione iniziale che per la gestione continua dei sistemi. Un'altra preoccupazione è la possibilità di attacchi al mapping. Anche se i token stessi sono sicuri, esiste sempre il rischio che l'associazione tra token e dati originali possa essere compromessa. Gli attaccanti potrebbero cercare di ottenere accesso al mapping, mettendo a repentaglio la sicurezza dei dati.

Inoltre, c'è il rischio di perdita dei dati di mapping. Se il mapping tra i dati originali e i token viene perso o compromesso, il recupero dei dati originali può essere difficile o impossibile.

Nonostante questi svantaggi, la tokenizzazione dei dati rimane una delle migliori pratiche per garantire la sicurezza delle informazioni sensibili, mantenendo nel contempo la funzionalità dei sistemi che utilizzano questo metodo.

DIVERSI CASI NE ILLUSTRANO L'EFFICACIA:

Nel settore delle transazioni finanziarie, Stripe, un noto fornitore di servizi di pagamento online, adotta la tokenizzazione per proteggere i dati sensibili durante le transazioni. Al momento del pagamento, i dati della carta di credito del cliente vengono sostituiti da token univoci, riducendo così il rischio di accesso non autorizzato ai dati finanziari. Questo approccio ha dimostrato di essere estremamente efficace nel prevenire le frodi e nel proteggere i dati sensibili dei clienti.

Per quanto riguarda la sicurezza dei dati, Salesforce, una delle piattaforme CRM più grandi al mondo, utilizza la tokenizzazione per proteggere i dati sensibili dei clienti. Salesforce offre un'opzione di tokenizzazione per campi sensibili come i numeri di previdenza sociale. Ciò consente alle aziende di utilizzare la piattaforma Salesforce in conformità con le normative sulla privacy dei dati, fornendo allo stesso tempo un'elevata sicurezza dei dati.

Per l'autenticazione, Amazon Web Services (AWS) offre un servizio denominato Amazon Cognito, che utilizza la tokenizzazione per generare token di accesso sicuri per gli utenti. Questi token vengono utilizzati per accedere ai servizi online senza la necessità di fornire le credenziali di accesso ogni volta. Questo approccio semplifica l'accesso e, allo stesso tempo, protegge le credenziali degli utenti.

Per garantire la conformità normativa, Netflix implementa la tokenizzazione nel rispetto del Regolamento Generale sulla Protezione dei Dati (GDPR). Utilizzando la tokenizzazione, Netflix protegge i dati sensibili dei suoi abbonati, sostituendo le informazioni personali con token univoci, riducendo così il rischio di violazioni della privacy dei dati.

Infine, nel settore della salute e dell'assistenza sanitaria, Epic Systems Corporation, un fornitore di software per la gestione delle informazioni sanitarie, utilizza la tokenizzazione per proteggere i dati sensibili dei pazienti. Epic Systems sostituisce i dati sensibili, come i numeri di previdenza sociale dei pazienti, con token univoci all'interno del loro software. Ciò consente ai professionisti sanitari di accedere alle informazioni dei pazienti necessarie per la cura, riducendo al contempo il rischio di violazioni dei dati.

Questi casi dimostrano l'efficacia della tokenizzazione nel proteggere i dati sensibili in diversi settori, garantendo allo stesso tempo la conformità normativa e la sicurezza dei dati. In conclusione, la tokenizzazione dei dati rappresenta una solida strategia per proteggere le informazioni sensibili e ridurre notevolmente il rischio di furto di dati.

5.3 ANALISI SINTATTICA

L'analisi sintattica nell'intelligenza artificiale (IA) è un campo cruciale che si occupa della comprensione della struttura grammaticale e sintattica del linguaggio umano da parte delle macchine. Questa analisi è fondamentale per garantire una comprensione accurata del linguaggio naturale e per consentire alle macchine di interagire in modo significativo con gli esseri umani.

Uno degli aspetti fondamentali dell'analisi sintattica è la tokenizzazione. La tokenizzazione è il processo di suddivisione di una sequenza di testo in unità più piccole, chiamate token. Questo processo rende più gestibile il testo, consentendo alle macchine di comprendere meglio la struttura delle frasi. Ad esempio, per la frase "La gatta sta dormendo", la tokenizzazione produrrebbe ["La", "gatta", "sta", "dormendo"], dove ogni elemento è un token, cioè un'unità fondamentale di testo. Una volta che la frase è stata suddivisa in token, diventa più semplice per l'intelligenza artificiale analizzare e comprendere la struttura della frase, il che rappresenta un passo fondamentale nell'elaborazione del linguaggio naturale.

L'analisi sintattica, o parsing, è il processo mediante il quale l'intelligenza artificiale analizza la struttura grammaticale di una frase e la rappresenta in una forma strutturata, come ad esempio un albero sintattico. Questo processo fornisce una base per comprendere la struttura della frase e le relazioni tra le parole. Nell'esempio della frase "La gatta sta dormendo", l'albero sintattico rappresenta la struttura della frase. Ecco una spiegazione:

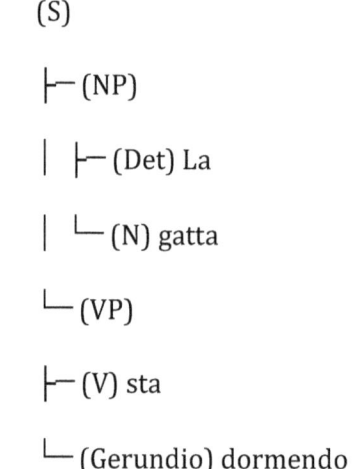

(S): Questo nodo rappresenta l'intera frase, chiamata "proposizione" o "clausola".

(NP): Questo è il sintagma nominale e contiene il nome della frase, che è "gatta".

(Det): Questo è il determinante, che nel nostro caso è "La".

(N): Questo è il nome, che è "gatta".

(VP): Questo è il sintagma verbale e contiene il verbo della frase, che è "sta dormendo".

(V): Questo è il verbo, che è "sta".

(Gerundio): Questo indica il gerundio, che è "dormendo".

L'albero sintattico illustra come le parole della frase siano correlate tra loro. In questo caso, "La" è il determinante che modifica il nome "gatta", e "sta" è il verbo che indica l'azione "dormendo", eseguita dalla "gatta". Mediante l'analisi sintattica, l'intelligenza artificiale è in grado di comprendere la struttura grammaticale della frase, essenziale per una comprensione accurata del linguaggio naturale.

Un altro aspetto cruciale dell'analisi sintattica è il Part-of-Speech Tagging (POS Tagging). Questo processo assegna a ogni parola in una frase una parte del discorso, come nome, verbo, aggettivo, ecc., aiutando così a comprendere il ruolo di ogni parola nella frase. Utilizzando l'esempio della frase "La gatta sta dormendo", possiamo etichettare ogni parola nel seguente modo:

(La/Det) (gatta/N) (sta/V) (dormendo/V).

UTILIZZANDO IL POS TAGGING, POSSIAMO ETICHETTARE OGNI PAROLA NEL SEGUENTE MODO:

Nel nostro caso, "La" viene etichettata come (Det) - determinante, "gatta" come (N) - nome, "sta" come (V) - verbo e "dormendo" come (V) - verbo.

Questo processo di etichettatura aiuta l'intelligenza artificiale a comprendere il ruolo di ciascuna parola nella frase, facilitando così la comprensione della struttura e del significato complessivo della frase stessa.

Essenziale è l'analisi sintattica è il Named Entity Recognition (NER). Questo processo identifica e classifica le entità nominate presenti in un testo in categorie predefinite, come nomi delle persone, delle organizzazioni, luoghi, date, valute, ecc. Ad esempio, consideriamo la frase: "Il Presidente Obama vive a Washington". Utilizzando il NER, l'analisi identificherebbe "Presidente Obama" come una persona e "Washington" come un luogo. Questo processo aiuta l'intelligenza artificiale a comprendere il contesto della frase e ad estrarre informazioni rilevanti.

Ad esempio, consideriamo la frase: "Il Presidente Obama vive a Washington". Utilizzando il NER, l'analisi identificherebbe "Presidente Obama" come una persona e "Washington" come un luogo.

Questo processo aiuta l'intelligenza artificiale a comprendere il contesto della frase e ad estrarre informazioni rilevanti. In questo caso, il NER individua e classifica correttamente "Presidente Obama" come una persona e "Washington" come un luogo, consentendo all'IA di comprendere meglio il significato del testo e di estrarre informazioni utili.

Un altro aspetto cruciale dell'analisi sintattica sono le dipendenze sintattiche. Questo concetto descrive il rapporto sintattico tra le parole in una frase. Ogni parola è connessa ad un'altra e dipende da essa. Le dipendenze sintattiche rappresentano le relazioni sintattiche tra le parole.

Ad esempio, consideriamo la frase: "La gatta sta dormendo". Utilizzando l'analisi delle dipendenze sintattiche, possiamo identificare le relazioni tra le parole:

In questa frase, "gatta" dipende da "La", poiché "La" è un determinante che modifica "gatta".

"sta" dipende da "gatta", poiché "sta" è il verbo che indica l'azione che la "gatta" sta compiendo.

"dormendo" dipende da "sta", in quanto "dormendo" è un gerundio che specifica l'azione descritta dal verbo "sta".

Quindi, l'analisi delle dipendenze sintattiche aiuta a rivelare le relazioni tra le parole nella frase, fornendo un'ulteriore comprensione della struttura sintattica della frase stessa.

Un altro aspetto fondamentale dell'analisi sintattica sono gli Alberi di Sintassi Astratta (AST). Gli alberi di sintassi astratta sono una rappresentazione gerarchica della struttura di una frase che cattura la struttura sintattica. Questa rappresentazione fornisce una visione compatta e comprensibile della struttura sintattica di una frase.

AD ESEMPIO, CONSIDERIAMO LA FRASE: "LA GATTA STA DORMENDO":

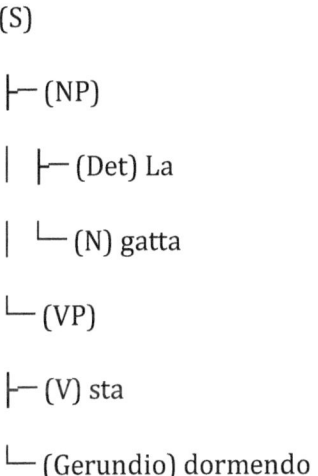

(S)

├─ (NP)

│ ├─ (Det) La

│ └─ (N) gatta

└─ (VP)

├─ (V) sta

└─ (Gerundio) dormendo

In un Albero di Sintassi Astratta (AST), la frase potrebbe essere rappresentata come segue:

In questo albero di sintassi astratta (AST), (S) rappresenta l'intera frase, chiamata "proposizione" o "clausola".

- (NP) è il sintagma nominale e contiene il nome della frase, che è "gatta".
- (Det) è il determinante, che nel nostro caso è "La".
- (N) è il nome, che è "gatta".
- (VP) è il sintagma verbale e contiene il verbo della frase, che è "sta dormendo".
- (V) è il verbo, che è "sta".
- (VP) indica un altro sintagma verbale, indicando che "sta" è il verbo principale e "dormendo" è un gerundio che funge da complemento.

(Gerundio) è il gerundio, che è "dormendo".

Quindi, l'AST cattura la struttura sintattica della frase in modo gerarchico e lo rende facilmente interpretabile. Questa rappresentazione compatta fornisce una base solida per l'analisi sintattica e la comprensione del linguaggio naturale da parte delle macchine.

Grammatiche formali. Le Grammatiche formali sono insiemi di regole che descrivono la struttura di una lingua. Esse forniscono le regole necessarie per l'analisi sintattica. Le regole di produzione in una grammatica formale definiscono come costruire frasi accettabili.

AD ESEMPIO, LE REGOLE DI PRODUZIONE IN UNA GRAMMATICA FORMALE POSSONO DEFINIRE COME COSTRUIRE FRASI ACCETTABILI COME:

- Una frase può essere costituita da un nome seguito da un verbo e un complemento oggetto.
- Un nome può essere un nome proprio o un nome comune preceduto da un articolo determinativo.
- Un verbo può essere un verbo transitivo o intransitivo.

Le Grammatiche formali, inoltre, sono ampiamente utilizzate in applicazioni di analisi sintattica nell'IA. Queste regole costituiscono la base per interpretare la struttura di una frase e consentono alle macchine di comprendere e generare testi in modo coerente e accurato.

Le applicazioni dell'analisi sintattica nell'IA includono:

Traduzione automatica: Per comprendere e produrre testi tradotti, l'analisi sintattica è essenziale per comprendere la struttura grammaticale delle frasi e garantire che la traduzione abbia senso.

Risposte automatiche: Per interpretare e rispondere a domande, l'analisi sintattica è fondamentale per estrarre il significato delle frasi e generare risposte appropriate.

Sintesi vocale: Per convertire il testo in discorsi comprensibili, l'analisi sintattica aiuta a garantire una corretta struttura grammaticale nel discorso generato.

Correzione automatica di bozze: Per migliorare la scrittura e la grammatica, l'analisi sintattica può individuare errori grammaticali e suggerire correzioni.

Motori di ricerca semantici: Per migliorare la precisione dei risultati, l'analisi sintattica aiuta a comprendere il significato delle query di ricerca per fornire risultati più pertinenti.

Assistenti virtuali: Per comprendere e rispondere in modo contestuale, l'analisi sintattica aiuta gli assistenti virtuali a comprendere meglio le domande e a fornire risposte appropriate.

L'analisi sintattica è un campo in continua evoluzione. L'adozione di tecniche sempre più avanzate di machine learning e di modelli basati su trasformatori come BERT e GPT ha portato a progressi significativi nella comprensione del linguaggio naturale da parte delle macchine. Questi modelli sono in grado di catturare relazioni sintattiche complesse e hanno notevolmente migliorato le prestazioni nei compiti legati all'analisi sintattica.

5.4 CLASSIFICAZIONE DEL TESTO

La classificazione del testo è un compito fondamentale nell'ambito dell'intelligenza artificiale che consiste nell'assegnare automaticamente una o più categorie predefinite a un documento testuale. Questo processo è ampiamente utilizzato in una vasta gamma di applicazioni, tra cui il filtraggio della posta indesiderata, l'analisi dei sentimenti sui social media, l'organizzazione dei documenti e molto altro ancora. Un esempio comune di classificazione del testo è l'analisi dei sentimenti su Twitter. Un algoritmo di classificazione del testo può essere addestrato per analizzare i tweet e classificarli in categorie come "positivo", "negativo" o "neutro" in base al tono del testo. Un altro esempio è il filtraggio della posta indesiderata (spam) tramite e-mail. Gli algoritmi di classificazione del testo possono identificare automaticamente se un'email è spam o legittima, aiutando così a mantenenere la casella di posta in arrivo pulita.

La classificazione del testo offre numerosi vantaggi, tra cui l'automazione del processo di etichettatura dei documenti, il risparmio di tempo e risorse umane, una precisione elevata nella classificazione dei documenti, la scalabilità per gestire grandi quantità di dati testuali e l'adattabilità a una vasta gamma di settori e applicazioni. Tuttavia, presenta anche alcuni svantaggi, come il notevole sforzo richiesto nell'etichettare grandi quantità di dati per l'addestramento iniziale, il rischio di overfitting e la difficoltà di interpretazione dei modelli, specialmente quelli basati su reti neurali profonde.

Ci sono diversi casi che dimostrano l'applicazione pratica della classificazione del testo. Uno di questi è il rilevamento dello spam nelle e-mail. Gli algoritmi di classificazione del testo vengono utilizzati per identificare automaticamente le e-mail di spam, riducendo la posta indesiderata e migliorando l'efficienza e la produttività dell'utente finale. Un altro caso studio è l'analisi dei sentimenti sui social media. Gli algoritmi di classificazione del testo vengono utilizzati per analizzare i messaggi sui social media e determinare se i messaggi sono positivi, neutri o negativi, consentendo un monitoraggio efficace della percezione del marchio e l'identificazione delle tendenze di mercato. Infine, il rilevamento delle frodi finanziarie è un altro esempio di applicazione pratica della classificazione del testo. Gli algoritmi di classificazione del testo vengono utilizzati per identificare transazioni finanziarie sospette o fraudolente basate su descrizioni testuali, riducendo le perdite finanziarie e aumentando la sicurezza per gli utenti, sebbene possa verificarsi la possibilità di falsi positivi, causando inconvenienti ai clienti legittimi.

5.5 GENERAZIONE DEL LINGUAGGIO

La generazione del linguaggio IA è una tecnologia rivoluzionaria che consente ai computer di produrre testi in modo automatico, imitando il linguaggio umano. Questa tecnologia si basa sull'apprendimento automatico e sfrutta reti neurali artificiali addestrate su enormi quantità di testo per comprendere, imitare e generare testi coerenti e significativi.

Tra gli esempi più comuni di applicazione di questa tecnologia, vi sono le assistenti virtuali, come Siri di Apple, Alexa di Amazon o Google Assistant, che sono in grado di comprendere e rispondere a domande complesse, fornendo informazioni dettagliate e contestuali. Inoltre, l'IA può essere utilizzata per creare contenuti per blog, siti web, articoli giornalistici e molto altro ancora, offrendo una produzione di testi efficiente e su larga scala.

Un altro ambito in cui si evidenzia l'efficacia di questa tecnologia è nella traduzione automatica: strumenti come Google Translate si basano sull'IA per tradurre testi da una lingua all'altra, producendo traduzioni sempre più precise e fluenti. L'analisi dei sentimenti è un altro campo in cui l'IA viene impiegata: può analizzare grandi quantità di testo e comprendere i sentimenti espressi in esso, utile per monitorare i social media, gestire il marchio e analizzare il feedback dei clienti.

Tra i vantaggi più significativi dell'utilizzo della generazione del linguaggio IA vi sono l'efficienza, la coerenza, la personalizzazione e la scalabilità. L'IA può produrre testi in modo rapido ed efficiente, risparmiando tempo e risorse umane, mantenendo un alto livello di coerenza e adattando i testi in base alle preferenze dell'utente. Inoltre, questa tecnologia può essere facilmente scalata per soddisfare le esigenze di produzione di contenuti in continua crescita.

Tuttavia, ci sono anche alcuni svantaggi da considerare. Nonostante i significativi progressi, l'IA di generazione del linguaggio può ancora produrre testi di qualità variabile, con errori e incongruenze, e mancare della creatività umana, producendo testi piuttosto lineari e privi di originalità. Inoltre, c'è il rischio che l'IA venga utilizzata per diffondere disinformazione o manipolare le opinioni pubbliche attraverso la produzione di contenuti falsi o fuorvianti. Infine, l'utilizzo diffuso di queste tecnologie pone sfide per la sicurezza e la privacy, poiché possono essere utilizzate per creare testi ingannevoli o dannosi. Nonostante gli svantaggi, la generazione del linguaggio IA offre numerosi vantaggi e continua a evolversi, offrendo sempre nuove opportunità e sfide nel panorama digitale.

5.6 APPLICAZIONI DI NLP

L'NLP, o Natural Language Processing, ha un vasto spettro di applicazioni in svariati campi. Una delle sue applicazioni più evidenti è l'assistenza virtuale, come Siri, Alexa e Google Assistant, che comprendono e rispondono alle richieste vocali degli utenti. Ad esempio, l'assistente virtuale di Amazon, Alexa, sfrutta l'NLP per rispondere a domande, fornire informazioni sul meteo, riprodurre musica e molto altro ancora. Nel campo della sicurezza, l'NLP viene utilizzato per analizzare grandi volumi di testo, come post sui social media o articoli di giornale, per identificare potenziali minacce o attività sospette. Un esempio tangibile è l'uso di algoritmi di NLP per monitorare le conversazioni sui social media e rilevare segnali di potenziale violenza o radicalizzazione. Nel settore della salute, l'NLP può essere utilizzato per estrarre informazioni da record medici e testi scientifici, aiutando medici e ricercatori a prendere decisioni più informate. Ad esempio, l'analisi dei rapporti dei pazienti attraverso l'NLP può aiutare i medici a individuare più rapidamente i sintomi chiave e proporre trattamenti più efficaci. Nel campo del customer service, l'NLP è utilizzato per creare chatbot in grado di rispondere alle domande dei clienti in modo automatico e istantaneo. Un esempio è l'utilizzo di chatbot basati su NLP nei siti web di servizi clienti per fornire risposte immediate alle domande dei clienti. Infine, nel settore finanziario, l'NLP può essere utilizzato per analizzare rapporti finanziari, notizie e sentimenti del mercato per prendere decisioni di investimento più informate e tempestive. Ad esempio, algoritmi di NLP possono analizzare notizie finanziarie per prevedere l'andamento dei mercati e guidare le decisioni di investimento.

I vantaggi delle applicazioni di NLP includono una maggiore efficienza e velocità nelle operazioni, l'automazione dei compiti ripetitivi, un miglioramento della comprensione del linguaggio umano e la possibilità di analizzare grandi quantità di dati in modo più efficiente. Tuttavia, ci sono anche alcuni svantaggi. L'NLP può essere influenzato da bias nei dati di addestramento, portando a risultati non rappresentativi o discriminatori. Inoltre, la privacy e la sicurezza dei dati possono essere compromesse quando si analizzano grandi quantità di testo. Infine, c'è il rischio di interpretazioni errate o risposte inesatte a causa della complessità del linguaggio naturale umano e della sua evoluzione. È essenziale affrontare questi svantaggi attraverso una cura nell'addestramento dei modelli e nell'implementazione delle politiche di sicurezza dei dati.

In conclusione, l'NLP ha dimostrato di essere una tecnologia incredibilmente potente e versatile con una vasta gamma di applicazioni pratiche. Mentre offre numerosi vantaggi, è importante riconoscere e affrontare i suoi svantaggi per garantire un utilizzo responsabile e sicuro. Con un'adeguata gestione, l'NLP continuerà a rivoluzionare numerosi settori, migliorando l'efficienza, la comprensione e l'accessibilità delle informazioni.

CAPITOLO 6

VISIONE ARTIFICIALE

6.1 CONCETTI FONDAMENTALI

La visione artificiale è una branca dell'intelligenza artificiale che si occupa di emulare il complesso sistema visivo umano. Attraverso l'utilizzo di algoritmi e tecniche sofisticate, la visione artificiale consente ai computer di interpretare e comprendere il contenuto visuale o l'informazione dalle immagini o dai video. Esploriamo alcuni dei concetti fondamentali alla base di qu in esta disciplina, alcuni dei quali potrebbero risultare familiari, ma è importante sottolinearli nuovamente.

IMMAGINE DIGITALE: Le immagini digitali sono rappresentazioni numeriche di immagini bidimensionali. Ogni immagine digitale è composta da un insieme finito di elementi chiamati pixel, ciascuno con un proprio valore che rappresenta colore e luminosità. La risoluzione di un'immagine è determinata dalla quantità di pixel e dalla loro densità. Ad esempio, un'immagine ad alta risoluzione avrà più pixel rispetto a una a bassa risoluzione, risultando in una maggiore chiarezza e dettaglio.

Immaginiamo due immagini, una 800x600 e l'altra 1920x1080. La seconda avrà una risoluzione maggiore e, di conseguenza, sarà più chiara e dettagliata rispetto alla prima.

FILTRI DI IMMAGINE: I filtri di immagine sono trasformazioni matematiche applicate a un'immagine per modificare o migliorarne le caratteristiche. Possono essere utilizzati per eliminare il rumore, migliorare la nitidezza, rilevare i bordi o eseguire altre operazioni per preparare le immagini all'analisi e all'elaborazione.

Supponiamo di avere un'immagine leggermente sfocata. Applicando un filtro di nitidezza, possiamo migliorare i dettagli dell'immagine, rendendo i bordi più definiti e l'immagine complessivamente più chiara.

ESTRAZIONE DELLE CARATTERISTICHE: L'estrazione delle caratteristiche è un processo fondamentale nella visione artificiale che mira a catturare le informazioni più rilevanti da un'immagine. Questo processo aiuta a ridurre la complessità dell'immagine e a identificare gli aspetti significativi per l'analisi successiva. Le caratteristiche possono includere forme, colori, texture o qualsiasi altra informazione rilevante per la comprensione dell'immagine.

Consideriamo un'immagine che raffigura un volto umano. L'estrazione delle caratteristiche potrebbe identificare la forma degli occhi, la posizione del naso e la disposizione della bocca.

CLASSIFICAZIONE: La classificazione è un'attività cruciale in visione artificiale che coinvolge l'assegnazione di una o più etichette a un'immagine in base al suo contenuto. Questo processo utilizza modelli di apprendimento automatico per distinguere e categorizzare gli oggetti o le scene presenti nell'immagine. Ad esempio, un'immagine che raffigura un cane può essere classificata come "cane", mentre un'altra che raffigura un gatto può essere classificata come "gatto".

Supponiamo di avere un'immagine che raffigura un volto umano. La classificazione potrebbe etichettarla come "volto umano".

SEGMENTAZIONE: La segmentazione è il processo di suddivisione di un'immagine in regioni o oggetti omogenei. L'obiettivo della segmentazione è separare e identificare i diversi elementi presenti nell'immagine. Questo può includere l'individuazione di contorni, la separazione di oggetti sovrapposti o la divisione di un'immagine in regioni con caratteristiche simili.

Immaginiamo un'immagine stradale. La segmentazione potrebbe essere utilizzata per individuare e separare veicoli, segnaletica stradale e marciapiedi.

RETI NEURALI CONVOLUZIONALI (CNN): Le reti neurali convoluzionali (CNN) sono un tipo di rete neurale profonda ampiamente utilizzato per compiti di visione artificiale. Come abbiamo già detto, le CNN sono progettate per emulare il processo visivo umano e sono in grado di riconoscere pattern e caratteristiche complesse all'interno delle immagini.

Le reti neurali convoluzionali vengono ampiamente utilizzate in applicazioni di riconoscimento facciale per identificare le caratteristiche chiave del volto umano, come gli occhi, il naso e la bocca.

La comprensione di questi concetti fondamentali fornisce una base solida per esplorare ulteriormente il campo della visione artificiale e le sue applicazioni in vari settori, dall'assistenza sanitaria all'automazione industriale.

L'analisi delle immagini offre una serie di vantaggi, ma comporta anche alcune sfide significative.

Automatizzando processi che richiedono tempo e risorse umane, l'analisi delle immagini migliora l'efficienza complessiva. Questo consente di ottimizzare le risorse e di impiegare il personale in compiti più adatti alle proprie competenze.

Inoltre, fornisce risultati accurati e affidabili nell'analisi delle immagini, garantendo una maggiore precisione nei risultati. Questo è particolarmente importante in settori in cui la precisione è essenziale, come la sanità e la sicurezza.

L'analisi delle immagini trova applicazione in una vasta gamma di settori, dalla sanità alla sicurezza. Le sue applicazioni variano dalla diagnostica medica, sorveglianza, automazione industriale fino a piattaforme di social media.

D'altro canto, vi sono altrettanti svantaggi. L'analisi delle immagini richiede una grande quantità di dati per addestrare i modelli, che potrebbero non sempre essere disponibili o facili da ottenere. La raccolta di dati di addestramento rappresenta pertanto una delle principali sfide di questa tecnologia.

Inoltre, alcuni algoritmi richiedono una potenza computazionale significativa per l'elaborazione delle immagini, aumentando i costi e le esigenze di infrastruttura.

Infine, l'analisi delle immagini solleva questioni riguardo alla privacy e alla sicurezza dei dati, specialmente nel riconoscimento facciale e nella sorveglianza. La raccolta e l'elaborazione delle immagini personali possono generare preoccupazioni legate alla privacy e alla sicurezza dei dati.

In conclusione, la visione artificiale rappresenta un campo in continua evoluzione con una vasta gamma di applicazioni in molteplici settori. Con una comprensione chiara dei concetti fondamentali come l'immagine digitale, i filtri di immagine, l'estrazione delle caratteristiche, la classificazione, la segmentazione e le reti neurali convoluzionali, è possibile affrontare sfide complesse e sviluppare soluzioni innovative.

L'impiego della visione artificiale non solo migliora l'efficienza dei processi esistenti, ma apre anche la strada a nuove opportunità in settori come l'assistenza sanitaria, l'industria automobilistica, la sorveglianza, il riconoscimento facciale e molto altro ancora. La sua continua evoluzione promette di rivoluzionare ulteriormente il modo in cui interagiamo con la tecnologia e l'ambiente circostante.

6.2 PRE-PROCESSING DELLE IMMAGINI

Il pre-processing delle immagini garantisce che i modelli di IA possano operare in modo efficiente ed efficace. Questa fase consiste in una serie di operazioni mirate a preparare le immagini per l'analisi e l'elaborazione da parte degli algoritmi di intelligenza artificiale. Il pre-processing aiuta a ridurre il rumore nei dati, a migliorare la qualità dell'immagine e a evidenziare le caratteristiche rilevanti, rendendo più agevole l'estrazione delle informazioni da parte dei modelli di machine learning e deep learning.

RIDUZIONE DEL RUMORE: Spesso, le immagini acquisite possono essere affette da rumore, che può essere causato da varie fonti, come l'illuminazione inadeguata, difetti nella fotocamera o errori durante il trasferimento dei dati. L'eliminazione del rumore è un passaggio fondamentale per migliorare l'accuratezza delle previsioni. Le tecniche di riduzione del rumore comprendono l'applicazione di filtri, come il filtro gaussiano o il filtro mediano, per eliminare o ridurre le imperfezioni presenti nell'immagine.

NORMALIZZAZIONE: La normalizzazione è un passaggio importante per garantire che le immagini abbiano coerenza e uniformità. Questo processo comporta la standardizzazione dei valori dei pixel in modo che abbiano una distribuzione comune, ad esempio riducendo l'intervallo di valori dei pixel da 0 a 255 a un intervallo compreso tra 0 e 1.

RIDIMENSIONAMENTo: Le immagini possono essere di dimensioni diverse e, per garantire che il modello funzioni correttamente, spesso è necessario ridimensionarle a una dimensione standard. Questo processo riduce il carico computazionale e assicura che tutte le immagini in input abbiano le stesse dimensioni, facilitando così l'elaborazione dei dati.

RIDUZIONE DELLE DIMENSIONI: In molti casi, le immagini originali possono essere troppo grandi per essere elaborate in modo efficiente, specialmente in sistemi con risorse limitate. Pertanto, ridurre la dimensione dell'immagine può essere essenziale per garantire una computazione efficiente senza compromettere l'informazione contenuta nell'immagine.

CONVERSIONE IN SCALA DI GRIGI O IN BIANCO E NERO: In alcuni casi, la riduzione della complessità dell'immagine può essere utile. Convertire un'immagine a colori in scala di grigi o in bianco e nero può semplificare l'elaborazione e ridurre la quantità di dati da gestire, mantenendo comunque le informazioni essenziali per l'analisi.

AUGMENTATION (AUMENTO DEI DATI): L'aumento dei dati è una tecnica che consiste nel generare nuove immagini attraverso la trasformazione delle immagini esistenti. Questo può includere rotazioni, traslazioni, zoom e altre trasformazioni. L'obiettivo è ampliare il dataset di addestramento e rendere il modello più robusto e in grado di generalizzare meglio.

SEGMENTAZIONE DELL'IMMAGINE: La segmentazione delle immagini consiste nel suddividere l'immagine in parti significative per semplificare l'analisi. Ad esempio, nell'analisi medica, potrebbe essere utile separare le diverse strutture presenti in un'immagine radiografica. La segmentazione può facilitare il riconoscimento e l'interpretazione delle informazioni rilevanti.

EQUALIZZAZIONE DELL'ISTOGRAMMA: L'equalizzazione dell'istogramma è una tecnica utile per migliorare il contrasto in un'immagine, rendendo più evidenti i dettagli. Questo processo ridistribuisce i valori di intensità dei pixel nell'immagine, aumentando il contrasto e migliorando la qualità complessiva dell'immagine.

Un esempio di pre-processing delle immagini è la riduzione delle dimensioni. In molti casi, le immagini originali possono essere troppo grandi per essere elaborate in modo efficiente, specialmente in sistemi con risorse limitate. Pertanto, ridurre la dimensione dell'immagine può essere essenziale per garantire una computazione efficiente senza compromettere l'informazione contenuta nell'immagine. Ad esempio, nell'analisi medica, la segmentazione delle immagini può essere estremamente utile. Separando le diverse strutture presenti in un'immagine radiografica, la segmentazione può facilitare il riconoscimento e l'interpretazione delle informazioni rilevanti.

Tuttavia, è importante notare che il pre-processing delle immagini può anche presentare alcuni svantaggi. Ad esempio, una cattiva scelta delle tecniche di pre-processing potrebbe portare alla perdita di informazioni importanti.

Inoltre, un pre-processing eccessivo potrebbe portare alla distorsione dei dati, compromettendo l'efficacia del modello. Un altro svantaggio potrebbe essere il tempo e la potenza di calcolo necessari per eseguire le operazioni di pre-processing, specialmente su grandi dataset.

Un caso di studio significativo riguarda l'utilizzo del pre-processing delle immagini nell'analisi medica. Immagini diagnostiche, come le scansioni TC o le risonanze magnetiche, spesso richiedono un pre-processing dettagliato per identificare correttamente le caratteristiche rilevanti. Ad esempio, un modello di deep learning addestrato per riconoscere tumori cerebrali potrebbe richiedere l'applicazione di tecniche di pre-processing per migliorare la qualità dell'immagine, ridurre il rumore e isolare la regione interessata, consentendo al modello di fare previsioni più accurate.

In conclusione, il pre-processing delle immagini svolge un ruolo fondamentale nell'implementazione di modelli di intelligenza artificiale. Una corretta fase di pre-processing può migliorare significativamente le prestazioni dei modelli, consentendo loro di effettuare previsioni più accurate e rilevare pattern anche nei dati più complessi. Tuttavia, è essenziale bilanciare con attenzione le operazioni di pre-processing per evitare la perdita di informazioni importanti e garantire che il modello possa generalizzare bene su dati non visti.

6.3 RILEVAMENTO E CLASSIFICAZIONE

Il "rilevamento e la classificazione tramite intelligenza artificiale (IA)" costituiscono una pietra angolare delle moderne applicazioni tecnologiche. Questi processi permettono ai sistemi informatici, alimentati da algoritmi di intelligenza artificiale, di analizzare dati grezzi o input per identificare specifici modelli, caratteristiche o categorie di interesse.

Immagina di guardare un'immagine: il processo di "rilevamento" si concentra sull'individuazione e sulla localizzazione degli oggetti all'interno di essa, come persone, veicoli o altri elementi di interesse. Dall'altra parte, la "classificazione" riguarda l'assegnazione di etichette o categorie a questi elementi in base alle loro caratteristiche distintive. Ad esempio, riconoscere se ciò che vediamo è un cane, un gatto o un uccello.

Questi processi sono resi possibili grazie alle tecniche avanzate di machine learning e deep learning, che consentono all'IA di apprendere da grandi quantità di dati e migliorare nel tempo le sue capacità di rilevamento e classificazione.

Le applicazioni di questa tecnologia sono diverse e diffuse in molti settori. Ad esempio, nell'ambito della produzione, i sistemi di visione artificiale possono individuare difetti sui prodotti in tempo reale, migliorando così la qualità e riducendo gli sprechi. Nel contesto della sicurezza pubblica, la sorveglianza video basata su IA consente di individuare attività sospette, aumentando la sicurezza dei luoghi pubblici.

Anche nel campo della medicina, l'IA svolge un ruolo chiave, aiutando nella diagnosi di patologie tramite l'analisi di immagini diagnostiche. E nei servizi clienti, i chatbot basati su IA migliorano l'efficienza gestendo le richieste dei clienti in modo automatico e tempestivo.

Tuttavia, esistono delle sfide da affrontare. Gli algoritmi di IA richiedono una grande quantità di dati di addestramento e possono essere soggetti a bias, portando a risultati non equi o discriminatori. Inoltre, l'interpretazione delle decisioni dell'IA può risultare complessa, poiché alcuni algoritmi operano in modo opaco.

Nonostante queste sfide, l'IA rappresenta un'opportunità senza precedenti per migliorare l'efficienza, la precisione e la tempestività delle operazioni in svariati settori. È fondamentale bilanciare i rischi e i vantaggi associati all'implementazione di sistemi basati su IA, per garantire un impatto positivo e sostenibile sull'innovazione tecnologica.

6.4 SEGMENTAZIONE

La segmentazione tramite intelligenza artificiale (IA) è un processo essenziale in molte applicazioni che coinvolgono l'analisi e la comprensione di dati complessi. Questo processo implica la suddivisione di un'entità più grande in segmenti più piccoli o omogenei, al fine di identificare pattern, strutture o caratteristiche specifiche all'interno dei dati.

La segmentazione IA può essere definita come il processo di suddivisione di un'entità complessa, come un'immagine, un insieme di dati o una scena, in segmenti più piccoli o omogenei. Questo processo è finalizzato all'identificazione e all'isolamento di regioni o oggetti specifici all'interno dei dati, facilitando l'analisi e l'estrazione di informazioni rilevanti.

Nel contesto dell'elaborazione delle immagini, la segmentazione IA può coinvolgere la suddivisione di un'immagine in regioni o oggetti distinti per facilitare l'analisi e l'estrazione di informazioni utili. Ad esempio, in medicina, la segmentazione IA può essere utilizzata per identificare e delimitare organi o tessuti all'interno di scansioni MRI o TC per la diagnosi e la pianificazione del trattamento. Un esempio pratico potrebbe essere l'uso della segmentazione IA per individuare e isolare automaticamente il tessuto tumorale da immagini radiologiche, consentendo ai medici di valutare più accuratamente l'estensione della malattia e pianificare interventi chirurgici.

In ambito industriale, la segmentazione IA trova applicazione nella separazione e classificazione di oggetti o materiali in processi di produzione, ottimizzando l'efficienza e la precisione. Ad esempio, un sistema di segmentazione IA potrebbe essere utilizzato per separare automaticamente componenti elettronici su una linea di produzione, migliorando la qualità e la velocità dell'assemblaggio.

Nei sistemi di sorveglianza video, la segmentazione IA può essere impiegata per individuare e isolare movimenti o comportamenti anomali in scene complesse, migliorando la sicurezza e l'efficacia del monitoraggio. Un esempio potrebbe essere l'uso della segmentazione IA per rilevare e tracciare automaticamente persone o veicoli sospetti in un'area sorvegliata, consentendo agli operatori di sicurezza di rispondere tempestivamente a potenziali minacce.

Tuttavia, l'implementazione della segmentazione IA presenta anche alcuni svantaggi. Gli algoritmi di segmentazione IA possono richiedere una quantità significativa di dati di addestramento e tuning per ottenere risultati accurati, e possono essere suscettibili a errori in contesti complessi o poco strutturati. Inoltre, la segmentazione IA può essere computazionalmente intensiva e richiedere risorse hardware e di calcolo significative per essere eseguita in tempo reale. Nonostante questi svantaggi, l'IA continua a rappresentare un'opportunità senza precedenti per migliorare l'efficienza e la precisione delle operazioni in svariati settori, offrendo un potenziale significativo per l'innovazione e il progresso tecnologico.

6.5 APPLICAZIONI DI VISIONE ARTIFICIALE

La visione artificiale è una delle tecnologie più affascinanti e promettenti nel campo dell'intelligenza artificiale. Si basa sulla capacità dei computer di elaborare e interpretare il mondo visivo, simile a come fanno gli esseri umani con i propri occhi e il cervello. Questo campo ha radici profonde nella ricerca in computer vision e machine learning, ma negli ultimi anni ha fatto passi da gigante grazie ai rapidi progressi nella capacità computazionale e nell'accesso a enormi quantità di dati.

Immagina di poter insegnare a un computer a "vedere" e "comprendere" il mondo circostante proprio come farebbe un essere umano. Questo è esattamente ciò che la visione artificiale cerca di realizzare. Utilizzando algoritmi complessi e modelli di machine learning, i computer possono essere addestrati per riconoscere oggetti, persone, azioni e relazioni all'interno delle immagini e dei video.

Le applicazioni della visione artificiale sono estremamente ampie e diverse. Dalla sorveglianza e sicurezza, dove sistemi di rilevamento e monitoraggio basati sulla visione artificiale possono identificare attività sospette e prevenire crimini, all'assistenza sanitaria, dove può essere utilizzata per diagnosticare malattie attraverso l'analisi di immagini mediche.

Nel settore industriale, la visione artificiale rivoluziona i processi di produzione e controllo qualità, consentendo di rilevare difetti sui prodotti in modo rapido ed efficiente. Inoltre, nei veicoli autonomi, la visione artificiale gioca un ruolo fondamentale nell'aiutare le auto a "vedere" la strada, riconoscere segnali stradali, pedoni e altri veicoli.

Ma con queste incredibili opportunità vengono anche sfide e domande etiche. Ad esempio, la sicurezza e la privacy dei dati possono diventare problematiche quando la visione artificiale viene utilizzata per la sorveglianza di massa o per il riconoscimento facciale. Inoltre, esistono sfide tecniche come la necessità di garantire che i modelli di visione artificiale siano robusti e affidabili in una vasta gamma di condizioni e contesti.

Nonostante queste sfide, il potenziale della visione artificiale per trasformare numerosi settori è immenso. Con ulteriori sviluppi nella ricerca e nell'innovazione tecnologica, ci aspettiamo di vedere una crescita esponenziale nelle applicazioni e nell'efficacia della visione artificiale, apportando cambiamenti significativi nella nostra vita quotidiana e nella società nel suo complesso.

CAPITOLO 7

ROBOTICA E INTELLIGENZA ARTIFICIALE

7.1 INTRODUZIONE ALLA ROBOTICA

Nel corso degli ultimi decenni, la robotica ha attraversato una trasformazione epocale grazie all'intelligenza artificiale (IA), passando da un ruolo di mera esecuzione di compiti predefiniti a quello di collaboratore intelligente e adattabile. L'integrazione dell'IA nella robotica ha aperto nuove frontiere in settori cruciali, rivoluzionando processi e servizi in maniera senza precedenti. Questo connubio tecnologico ha dato vita a una nuova generazione di robot, capaci non solo di eseguire compiti complessi con precisione, ma anche di apprendere dall'ambiente circostante e di adattarsi in tempo reale alle variazioni delle situazioni.

Un esempio tangibile di questa trasformazione è nell'assistenza chirurgica avanzata. I robot chirurgici assistiti dall'IA stanno rivoluzionando il campo dell'assistenza sanitaria, agendo come assistenti altamente precisi durante le procedure chirurgiche. Questi robot, utilizzando tecnologie come la visione computerizzata e la guida automatizzata, eseguono movimenti precisi e minimamente invasivi, riducendo il rischio di danni ai tessuti e accelerando i tempi di recupero dei pazienti. Inoltre, l'IA analizza dati in tempo reale durante l'intervento, fornendo al chirurgo informazioni cruciali per decisioni rapide e informate.

In altri settori come l'ispezione e la manutenzione delle infrastrutture, i robot intelligenti assistiti dall'IA vengono impiegati per monitorare e mantenere infrastrutture critiche come condotte di gas e ponti. Dotati di sensori avanzati e algoritmi di apprendimento automatico, individuano segni di danni o problemi, consentendo interventi tempestivi per prevenire guasti catastrofici.

Nell'assistenza agli anziani e ai disabili, i robot assistiti dall'IA sono sempre più comuni, aiutando nelle attività quotidiane e monitorando lo stato di salute delle persone assistite.

Nell'agricoltura di precisione, i robot agricoli assistiti dall'IA monitorano le condizioni del terreno e delle colture, consentendo decisioni informate e ottimizzando l'uso delle risorse.

In ambienti pericolosi come siti industriali contaminati, i robot assistiti dall'IA esplorano senza mettere a rischio vite umane.

Anche nell'educazione e nella formazione, i robot educativi assistiti dall'IA forniscono supporto personalizzato agli studenti e consentono l'acquisizione di competenze pratiche in un ambiente controllato e sicuro.

In sintesi, l'integrazione dell'IA nella robotica sta trasformando radicalmente molteplici settori, migliorando efficienza, sicurezza e qualità del lavoro in vari contesti, offrendo opportunità per affrontare sfide in modo innovativo e sostenibile.

7.2 ROBOTICA AUTONOMA

La robotica autonoma rappresenta un'altra tappa fondamentale nell'evoluzione della tecnologia, in cui i robot sono in grado di operare e prendere decisioni in modo indipendente, senza l'assistenza diretta dell'uomo. Questi sistemi sono alimentati da algoritmi sofisticati di intelligenza artificiale e sensori avanzati che consentono ai robot di percepire l'ambiente circostante, elaborare informazioni e agire di conseguenza.

Un esempio eloquente di questa tecnologia è rappresentato dai veicoli autonomi, che utilizzano sistemi di guida automatizzata per navigare in modo sicuro su strade pubbliche. Le auto autonome sono forse il più noto esempio di robotica autonoma. Aziende come Tesla, Waymo (di Alphabet) e Uber stanno sviluppando tecnologie per veicoli che possono guidare in modo autonomo su strade pubbliche. Questi veicoli utilizzano sensori come lidar, radar e telecamere insieme a sofisticati algoritmi di intelligenza artificiale per percepire l'ambiente circostante e prendere decisioni di guida.

La robotica autonoma ha applicazioni anche in settori come la logistica, dove i robot autonomi possono gestire magazzini e catene di distribuzione in modo efficiente e senza interruzioni.

Nel campo medico, la chirurgia assistita da robot è un'altra area in cui la robotica autonoma sta rivoluzionando le pratiche mediche. Ad esempio, il sistema da Vinci Surgical System permette ai chirurghi di eseguire interventi minimamente invasivi con maggiore precisione grazie a bracci robotici controllati da un chirurgo. Questi sistemi integrano l'IA per assistere il chirurgo durante l'operazione.

I droni autonomi sono utilizzati in diversi settori, come l'agricoltura, la sorveglianza e la consegna di pacchi. Nell'agricoltura, i droni possono essere programmati per volare sopra i campi e raccogliere dati sulle colture utili per ottimizzare la produzione agricola.

In ambito industriale, i robot autonomi sono impiegati per compiti come la movimentazione di materiali, il montaggio e il controllo qualità. Questi robot sono in grado di operare in ambienti dinamici e collaborare con gli esseri umani in modo sicuro grazie a sensori e algoritmi di riconoscimento dell'ambiente.

Le missioni spaziali impiegano sempre più robot autonomi per esplorare ambienti ostili come la superficie di Marte. Il rover Curiosity della NASA, ad esempio, è in grado di muoversi autonomamente sulla superficie marziana, eseguire esperimenti scientifici e inviare dati alla Terra senza l'intervento diretto degli operatori.

Tra i vantaggi della robotica autonoma vi è l'aumento dell'efficienza, poiché i robot possono operare 24 ore su 24, 7 giorni su 7 senza affaticamento, consentendo una maggiore produttività e riducendo i tempi di inattività. Inoltre, la precisione e l'affidabilità dei robot autonomi possono ridurre gli errori umani e migliorare la qualità del lavoro. La robotica autonoma offre anche un miglioramento della sicurezza, poiché i robot possono essere progettati per operare in ambienti pericolosi riducendo il rischio di incidenti per gli operatori umani.

Tuttavia, ci sono anche alcuni svantaggi associati alla robotica autonoma. Ad esempio, l'implementazione di sistemi robotici autonomi può richiedere investimenti significativi iniziali, aumentando i costi operativi a breve termine. Inoltre, l'adozione della robotica autonoma può portare alla sostituzione di lavoratori umani con robot, causando potenzialmente disoccupazione e sollevando questioni etiche e legali sulla responsabilità e sulla gestione dei rischi associati ai robot autonomi.

Sì, la robotica autonoma presenta sfide e questioni da affrontare, ma il suo potenziale è senza limiti. È un viaggio emozionante verso il futuro, pieno di possibilità e promesse di un mondo migliore e più innovativo per tutti noi. E mentre guardiamo avanti, possiamo solo immaginare cosa ci riserva il prossimo capitolo di questa straordinaria avventura tecnologica.

7.3 CONTROLLO E PROGRAMMAZIONE DEI ROBOT

Il controllo e la programmazione dei robot sono due pilastri fondamentali nella robotica, strettamente interconnessi e cruciali per garantire il corretto funzionamento e l'efficacia delle macchine in una vasta gamma di applicazioni. Il controllo dei robot gestisce le azioni e i movimenti del robot stesso, coinvolgendo la progettazione e l'implementazione di algoritmi e sistemi che consentono al robot di percepire l'ambiente circostante, prendere decisioni basate sulle informazioni ricevute e agire di conseguenza. Questo può includere il controllo dei motori, dei sensori e altri attuatori necessari per il movimento, la manipolazione di oggetti o l'esecuzione di compiti specifici. Dall'altra parte, la programmazione dei robot implica la scrittura e la definizione di istruzioni e algoritmi che consentono al robot di eseguire compiti specifici in modo autonomo o guidato esternamente. Queste istruzioni possono essere scritte in diversi linguaggi di programmazione, a seconda delle specifiche del robot e delle preferenze del programmatore. La programmazione dei robot include anche la pianificazione dei movimenti, la gestione dei percorsi e la coordinazione delle azioni per raggiungere gli obiettivi desiderati. In sintesi, il controllo e la programmazione dei robot sono processi intimamente legati che lavorano insieme per consentire ai robot di funzionare in modo efficiente e affidabile nelle loro applicazioni specifiche. Attraverso l'evoluzione delle tecnologie e dei metodi di controllo e programmazione, la robotica continua a fare progressi significativi, aprendo la strada a nuove e innovative applicazioni in settori come la produzione industriale, la medicina, l'esplorazione spaziale e molto altro ancora. Esistono diverse categorie di controllo dei robot, ognuna con diverse modalità di funzionamento. Queste includono il controllo diretto, il controllo a ciclo aperto, il controllo a ciclo chiuso e il controllo autonomo, ognuno dei quali si adatta a specifiche esigenze di applicazione. Per quanto riguarda la programmazione dei robot, ci sono diversi approcci e linguaggi utilizzati per definire il comportamento e le azioni del robot. Alcuni di questi includono linguaggi di programmazione convenzionali come C++, Python o Java, linguaggi specifici per la robotica come ROS (Robot Operating System) e linguaggi di programmazione visiva come Blockly. Questi due aspetti, controllo e programmazione dei robot, sono fondamentali per garantire il funzionamento efficace e affidabile dei robot in una vasta gamma di contesti. L'evoluzione continua delle tecnologie e dei metodi in questi settori continua a guidare l'innovazione nella robotica, consentendo ai robot di diventare sempre più autonomi, intelligenti e versatili nelle loro applicazioni. La robotica trova applicazione in vari settori, come l'industria, la medicina, l'esplorazione spaziale, l'assistenza agli anziani e la agricoltura. Ogni settore sfrutta il controllo e la programmazione dei robot per migliorare l'efficienza, la sicurezza e la produttività delle operazioni. Nonostante i numerosi vantaggi offerti dalla robotica, ci sono anche alcune sfide da affrontare, come il costo iniziale elevato, la complessità della programmazione, i rischi per l'occupazione, la manutenzione e l'affidabilità dei sistemi, oltre a questioni etiche e sociali. Mentre il controllo e la programmazione dei robot offrono molti vantaggi, è importante considerare anche gli svantaggi e affrontare le sfide associate all'implementazione di sistemi robotici in diversi contesti. Inoltre, è fondamentale riconoscere come queste stesse sfide stimolino l'innovazione e l'evoluzione nel campo. La complessità della programmazione e la manutenzione dei sistemi robotici, ad esempio, stanno spingendo gli sviluppatori a creare nuovi strumenti e metodologie per semplificare e ottimizzare questi processi. L'interfacciamento uomo-macchina sta diventando sempre più importante nella robotica, poiché si cerca di rendere l'interazione con i robot più intuitiva e naturale per gli utenti umani. Questo implica lo sviluppo di interfacce utente avanzate, comprese quelle basate su gesti, voci o addirittura pensieri, per consentire una comunicazione più fluida e efficiente tra l'uomo e la macchina. Infine, non possiamo trascurare l'importanza dell'educazione e della formazione nel campo della robotica. Investire nell'istruzione e nella formazione delle nuove generazioni di ingegneri e programmatori è cruciale per affrontare le sfide attuali e future della robotica e per sfruttare appieno il suo potenziale innovativo in una vasta gamma di settori.

Nei contesti industriali, i robot sono spesso programmati per operare a velocità sicure durante la collaborazione con gli esseri umani. Il controllo della velocità e del movimento è cruciale per prevenire collisioni e garantire la sicurezza degli operatori. Ad esempio, i robot impiegati nelle catene di montaggio possono essere programmati per rallentare automaticamente quando rilevano la presenza di un operatore nelle vicinanze. I sensori integrati nei robot consentono loro di rilevare la presenza di ostacoli o persone nel loro ambiente. Utilizzando algoritmi di programmazione adeguati, i robot possono reagire in modo appropriato, ad esempio fermandosi o modificando il percorso per evitare collisioni. Un esempio di questo è il LIDAR (Light Detection and Ranging) utilizzato nei veicoli autonomi per mappare l'ambiente circostante e evitare collisioni.

Le interfacce utente sono progettate per facilitare l'interazione sicura e intuitiva tra gli esseri umani e i robot. Ad esempio, i robot collaborativi possono essere dotati di schermi touchscreen o comandi vocali per consentire agli operatori umani di impartire istruzioni in modo chiaro e veloce. Inoltre, l'uso di segnali luminosi o sonori può avvisare gli operatori quando il robot è in movimento o quando è necessaria attenzione.

Nel settore dell'automazione industriale, un'azienda utilizza robot collaborativi per assemblare componenti elettronici. I robot sono programmati per rilevare la presenza di operatori umani nelle vicinanze utilizzando sensori di prossimità e telecamere. Quando un operatore si avvicina alla zona di lavoro del robot, il sistema di controllo del robot riduce automaticamente la sua velocità e, se necessario, ferma completamente il movimento per evitare collisioni. Questo approccio garantisce la sicurezza degli operatori senza compromettere l'efficienza del processo produttivo.

I robot collaborativi devono essere in grado di pianificare i loro movimenti in modo da coordinarsi in modo sicuro ed efficiente con gli esseri umani. I sistemi di controllo utilizzano algoritmi di pianificazione del movimento che tengono conto della posizione degli operatori umani e degli obiettivi delle attività per garantire una collaborazione fluida. Nei contesti in cui i robot lavorano a stretto contatto con gli esseri umani, è essenziale fornire feedback sensoriale immediato per consentire una risposta rapida agli stimoli esterni. Ad esempio, i robot equipaggiati con sensori tattili possono rilevare la pressione esercitata dai contatti umani e regolare la propria forza di conseguenza per evitare lesioni.

In un'azienda di produzione automobilistica, i robot collaborativi sono impiegati per aiutare gli operatori umani nell'assemblaggio di parti complesse. I robot sono programmati per seguire i movimenti degli operatori umani e fornire assistenza nei compiti che richiedono forza o precisione elevate. Utilizzando sensori di sicurezza e algoritmi di controllo avanzati, i robot sono in grado di lavorare in modo sicuro e collaborativo con gli esseri umani, migliorando l'efficienza e riducendo il rischio di infortuni sul lavoro.

In conclusione, la sinergia tra controllo e programmazione dei robot rappresenta il cuore pulsante dell'innovazione nella robotica, spingendo costantemente i confini delle possibilità tecnologiche. Attraverso un equilibrio armonioso tra sicurezza, efficienza e interazione intuitiva con gli esseri umani, i robot stanno diventando sempre più indispensabili in una vasta gamma di settori. Affrontando le sfide con determinazione e investendo nell'educazione e nella ricerca, possiamo plasmare un futuro dove i robot non solo automatizzano i compiti, ma collaborano in modo intelligente e sicuro con noi, contribuendo a migliorare la nostra qualità di vita e la produttività industriale.

7.4 INTEGRAZIONE DELL'IA NEI ROBOT

L'integrazione dell'intelligenza artificiale (IA) nei robot sta rivoluzionando numerosi settori, dall'industria alla salute, dall'agricoltura alla casa. Questa sinergia tra intelligenza artificiale e robotica offre una serie di vantaggi significativi.

AUTOMAZIONE AVANZATA: L'IA consente ai robot di eseguire compiti complessi senza una supervisione umana costante. Ad esempio, i robot nelle fabbriche possono ottimizzare le loro azioni per massimizzare l'efficienza della produzione, riducendo i tempi di produzione. Per esempio, in un'azienda manifatturiera, i robot dotati di intelligenza artificiale lavorano insieme alle linee di produzione, ottimizzando i processi di assemblaggio e riducendo i tempi di produzione.

APPRENDIMENTO CONTINUO: Grazie all'IA, i robot possono migliorare nel tempo attraverso l'apprendimento continuo. Possono raccogliere dati dai loro ambienti e dagli utenti con cui interagiscono, utilizzando queste informazioni per migliorare le proprie prestazioni e adattarsi a nuove situazioni. Ad esempio, un robot di assistenza domiciliare impara dalle interazioni quotidiane con gli anziani a cui presta assistenza. Ogni interazione fornisce dati che il robot utilizza per migliorare le proprie capacità di risposta e adattarsi alle esigenze specifiche di ciascun individuo.

ADATTABILITÀ E FLESSIBILITÀ: Gli algoritmi di intelligenza artificiale consentono ai robot di adattarsi a una vasta gamma di compiti e ambienti. Possono essere programmati per eseguire diverse attività senza la necessità di essere riprogrammati manualmente ogni volta che cambia il compito. Ad esempio, un robot agricolo può essere programmato per riconoscere diversi tipi di colture e adattare le sue attività di irrigazione e fertilizzazione in base alle specifiche esigenze di ciascuna coltura. Questa flessibilità consente di massimizzare la resa e ridurre gli sprechi.

INTERAZIONE UMANA MIGLIORATA: L'IA permette ai robot di comprendere e rispondere in modo più naturale agli input umani, migliorando l'interazione uomo-macchina. Ciò è particolarmente importante nei settori come l'assistenza sanitaria e l'educazione, dove i robot devono essere in grado di comunicare in modo efficace con le persone. Ad esempio, un robot di assistenza sanitaria è in grado di riconoscere le espressioni facciali e le voci umane, consentendo una comunicazione più naturale e efficace con i pazienti. Questo aiuta a creare un ambiente più confortevole e accogliente per coloro che ricevono cure.

DECISIONI AUTONOME: Con algoritmi di intelligenza artificiale avanzati, i robot possono prendere decisioni autonome in tempo reale. Ad esempio, i veicoli autonomi utilizzano l'IA per elaborare informazioni provenienti dai sensori e prendere decisioni di guida autonome, come cambiare corsia o evitare ostacoli sulla strada, garantendo una guida sicura e efficiente.

MIGLIORAMENTO DELLA SICUREZZA: L'integrazione dell'IA nei robot può migliorare la sicurezza in una varietà di contesti. I robot possono identificare potenziali pericoli e reagire di conseguenza, riducendo il rischio di incidenti sul lavoro e migliorando la sicurezza pubblica. Ad esempio, un drone di sorveglianza utilizza l'IA per rilevare attività sospette o pericoli in un'area specifica e segnalare tempestivamente agli operatori umani. Questo contribuisce a garantire la sicurezza pubblica e a prevenire situazioni di emergenza.

Tuttavia, l'implementazione dell'IA nei robot comporta anche alcune sfide. I costi iniziali per lo sviluppo e la manutenzione possono essere elevati, e c'è il rischio di perdita di posti di lavoro in alcuni settori a causa dell'automazione. Inoltre, una dipendenza eccessiva dall'IA potrebbe renderci vulnerabili a malfunzionamenti o attacchi informatici.

Nonostante queste sfide, l'integrazione dell'IA nei robot offre numerose opportunità per migliorare l'efficienza, la sicurezza e la qualità della vita. È fondamentale affrontare queste sfide in modo proattivo per massimizzare i benefici di questa tecnologia emergente.

7.5 ETICA E ROBOTICA

Il tema dell'etica nella robotica rappresenta un crocevia di decisioni che influenzano profondamente la nostra società e la nostra vita individuale. Quando entriamo nel mondo della progettazione e dell'utilizzo dei robot, ci troviamo ad affrontare una serie di questioni etiche che non possono essere ignorate. La priorità assoluta è la sicurezza e la tutela della vita umana: i robot devono essere concepiti in modo tale da non rappresentare alcuna minaccia per coloro con cui interagiscono.

Un esempio emblematico riguarda l'autonomia dei veicoli autonomi, costretti a prendere decisioni cruciali in situazioni d'emergenza, come quella di scegliere tra la vita del conducente e quella di un pedone. Un incidente tragico, come quello che coinvolse un'auto a guida autonoma Uber, mette in luce la complessità etica di tali decisioni e l'urgenza di affrontare questo dilemma.

Parallelamente, dobbiamo considerare l'impatto sociale ed economico dell'automazione. L'introduzione dei robot nelle catene di produzione ha portato a una significativa riduzione di posti di lavoro in diversi settori industriali, generando disoccupazione e disparità economica. Ad esempio, la Ford Motor Company ha implementato robot nelle sue fabbriche, riducendo considerevolmente la necessità di manodopera umana e sollevando interrogativi sulla sicurezza del lavoro e sulla stabilità economica delle comunità locali.

Altrettanto importante è la questione della privacy e della sicurezza dei dati. Dispositivi domestici intelligenti e robot assistenti raccolgono e manipolano informazioni personali, sollevando preoccupazioni sulla protezione dei dati e il rischio di violazioni della privacy. Un esempio lampante riguarda il caso della società di domotica Ring, di proprietà di Amazon, che è stata criticata per le sue pratiche di sicurezza insufficienti, portando a violazioni della privacy e al rischio di sorveglianza indesiderata all'interno delle case dei consumatori.

Infine, riflettere sulle implicazioni culturali e psicologiche della presenza dei robot nella nostra società è essenziale per comprendere appieno le dinamiche sociali e individuali legate alla tecnologia. Le interazioni tra esseri umani e robot nei contesti sociali forniscono preziosi insight sulle nostre reazioni e percezioni di fronte alla crescente presenza di queste macchine nella nostra vita quotidiana. Ad esempio, uno studio condotto presso un centro per anziani ha dimostrato come l'uso di robot assistenti sia stato accolto positivamente dagli anziani, contribuendo al loro benessere emotivo e sociale.

Questo studio rappresenta un esempio significativo di come l'uso di robot assistenti possa avere un impatto positivo sul benessere emotivo e sociale degli anziani. Durante l'esperimento, sono stati introdotti robot dotati di capacità di interazione sociale e di assistenza fisica, progettati per svolgere una varietà di compiti, tra cui compagnia, supporto nelle attività quotidiane e monitoraggio della salute. Complessivamente, lo studio ha evidenziato il potenziale significativo dei robot assistenti nel migliorare la qualità della vita degli anziani, riducendo la solitudine, fornendo supporto emotivo e facilitando le attività quotidiane.

Tuttavia, è importante notare che l'introduzione di tali tecnologie deve essere accompagnata da un'attenzione particolare alla privacy, alla sicurezza e al rispetto dei diritti degli anziani, al fine di garantire un utilizzo etico e responsabile della robotica in contesti come quello dei centri per anziani.

In definitiva, l'etica nella robotica richiede un approccio complessivo che integri considerazioni morali, sociali, legali e psicologiche. Solo attraverso un impegno collettivo e una riflessione approfondita possiamo garantire che il nostro utilizzo della tecnologia rispetti i valori umani fondamentali e contribuisca al benessere della società nel suo comples.

CAPITOLO 8

INTELLIGENZA ARTIFICIALE E REALTÀ VIRTUALE/REALTÀ AUMENTATA

8.1 CONCETTI FONDAMENTALI DI VR/AR

Nel panorama moderno, l'intelligenza artificiale (IA) e le tecnologie immersive come la realtà virtuale (VR) e la realtà aumentata (AR) stanno emergendo come catalizzatori di cambiamento in svariati ambiti. Queste innovazioni promettono di ridefinire l'esperienza umana, offrendo soluzioni personalizzate e coinvolgenti che spaziano dalla formazione all'intrattenimento, dalla salute al design.

L'IA, con la sua capacità di analizzare enormi quantità di dati e apprendere da essi, consente un livello di personalizzazione senza precedenti. Grazie a algoritmi sofisticati, può anticipare i bisogni degli utenti e adattare le esperienze in tempo reale, migliorando così l'engagement e l'efficacia delle interazioni digitali. Questo si traduce in un'applicazione sempre più diffusa in settori come l'istruzione, dove la VR consente simulazioni realistiche che migliorano l'apprendimento pratico, mentre l'IA personalizza il percorso di apprendimento di ciascuno studente. Nella sanità, la VR è utilizzata per simulare procedure chirurgiche complesse, mentre l'IA analizza dati biometrici per diagnosticare malattie in modo più accurato e tempestivo.

Parallelamente, la VR e la AR offrono una modalità di interazione completamente nuova, sovrapponendo o sostituendo la realtà fisica con ambienti digitali. Mentre la VR trasporta gli utenti in mondi completamente virtuali, la AR aggiunge strati digitali al mondo reale, creando un'esperienza ibrida e altamente immersiva. Queste tecnologie sono sfruttate in settori come l'e-commerce, dove aziende come IKEA offrono esperienze AR che consentono ai clienti di visualizzare mobili nella propria casa prima dell'acquisto, facilitando la presa di decisioni informate e riducendo il rischio di resi. Nel mondo dei giochi e dell'intrattenimento, il gioco VR "Beat Saber" offre un'esperienza coinvolgente in cui gli utenti suonano la musica utilizzando spade laser, mentre "Pokémon GO" utilizza la AR per sovrapporre creature virtuali al mondo reale, creando un'esperienza di gioco unica.

Tuttavia, nonostante i numerosi vantaggi, sorgono anche sfide significative. L'implementazione di queste tecnologie richiede investimenti considerevoli e solleva questioni etiche e di privacy legate alla gestione dei dati personali. Inoltre, l'uso prolungato di dispositivi VR può comportare rischi per la salute, mentre l'automazione guidata dall'IA solleva preoccupazioni riguardo alla perdita di posti di lavoro in alcuni settori. Affrontare queste sfide in modo proattivo è essenziale per garantire un utilizzo responsabile e inclusivo di queste tecnologie al fine di massimizzare i benefici per la società nel suo complesso.

8.2 APPLICAZIONI DI AI IN VR/AR

L'integrazione dell'intelligenza artificiale (AI) nei mondi della realtà virtuale (VR) e dell'augmented reality (AR) ha rivoluzionato l'esperienza utente, offrendo una serie di vantaggi e opportunità. Le applicazioni dell'AI in questi ambienti digitali immersivi sono diverse e stanno rapidamente ampliando le possibilità offerte da VR e AR.

Uno dei modi principali in cui l'AI arricchisce l'esperienza VR/AR è attraverso il riconoscimento e l'interpretazione dell'ambiente. Utilizzando tecniche di visione artificiale, l'AI può identificare oggetti e tracciare i movimenti degli utenti, consentendo funzionalità avanzate come il riconoscimento degli oggetti e la creazione di mappe 3D dell'ambiente circostante.

Un caso significativo è rappresentato da Facebook Horizon, una piattaforma di social VR che sfrutta l'AI per riconoscere le espressioni facciali degli avatar e facilitare un'interazione più naturale tra gli utenti.Horizon è una piattaforma di social VR sviluppata da Facebook che sfrutta l'intelligenza artificiale per migliorare l'interazione tra gli utenti. Utilizzando l'AI per il riconoscimento delle espressioni facciali degli avatar, Horizon crea un ambiente sociale più coinvolgente e realistico. Ad esempio, gli avatar possono esprimere emozioni attraverso movimenti facciali realistici, consentendo agli utenti di comunicare in modo più naturale e empatico. Inoltre, Horizon utilizza l'AI per monitorare e moderare le interazioni degli utenti, garantendo un'esperienza sicura e positiva per tutti gli utenti della piattaforma.

Un altro importante ambito di applicazione è quello dell'interazione naturale e conversazionale. L'AI conversazionale e le tecnologie di elaborazione del linguaggio naturale consentono agli utenti di comunicare in modo più naturale con gli avatar o gli assistenti virtuali presenti negli ambienti VR/AR. Un esempio è l'uso dell'AI da parte di Vivid Vision per personalizzare il trattamento per pazienti affetti da disturbi visivi. Vivid Vision è un'applicazione VR progettata per il trattamento dei disturbi visivi come l'ambliopia e la visione binoculare. Utilizzando l'intelligenza artificiale, Vivid

Vision personalizza il trattamento per ciascun paziente, adattando gli esercizi visivi in base alle esigenze individuali. L'AI analizza i dati del paziente, come le risposte agli esercizi e i miglioramenti nel tempo, per ottimizzare il programma di trattamento e massimizzare i risultati. Questo approccio personalizzato e basato sui dati ha dimostrato di essere estremamente efficace nel migliorare la vista dei pazienti con disturbi visivi.

La personalizzazione dell'esperienza è un altro vantaggio chiave offerto dall'AI. Analizzando i comportamenti e le preferenze degli utenti, l'AI può suggerire contenuti o attività in tempo reale che corrispondono alle loro preferenze, migliorando così l'engagement e la soddisfazione. Un esempio è IKEA Place, un'applicazione AR che utilizza l'AI per adattare automaticamente le dimensioni e la posizione degli oggetti nel mondo reale. IKEA Place è un'applicazione AR che consente agli utenti di visualizzare mobili e decorazioni IKEA nel proprio spazio abitativo utilizzando la fotocamera del telefono. L'AI è fondamentale per l'esperienza utente di IKEA Place, poiché consente all'applicazione di rilevare e adattare automaticamente le dimensioni e la posizione degli oggetti nel mondo reale. Utilizzando algoritmi di visione artificiale, l'applicazione può posizionare in modo realistico i mobili nell'ambiente dell'utente, consentendo loro di visualizzare come gli articoli si integrerebbero nel loro spazio abitativo prima dell'acquisto.

Le simulazioni avanzate e l'addestramento sono un'altra area di applicazione dell'AI nei mondi VR/AR. L'AI può essere utilizzata per creare simulazioni realistiche e adattive, consentendo agli utenti di acquisire competenze e sperimentare scenari complessi in un ambiente virtuale controllato e sicuro. DeepMotion è un'azienda che utilizza l'intelligenza artificiale per creare animazioni realistiche e fluide per gli avatar VR. La loro tecnologia permette agli avatar di muoversi in modo più naturale e reattivo, migliorando l'immersione e l'esperienza utente nei mondi virtuali.

Utilizzando tecniche di apprendimento automatico, DeepMotion può creare animazioni realistiche basate su dati di motion capture o generare movimenti autonomamente in base agli input degli utenti. Questo approccio consente agli sviluppatori di creare esperienze VR più coinvolgenti e realistiche, rendendo gli avatar più vividi e credibili.

In sintesi, l'integrazione dell'AI nei mondi VR/AR offre numerosi vantaggi, tra cui miglioramenti dell'esperienza utente, efficienza e ottimizzazione, innovazione e creatività, apprendimento e adattamento, e lo sviluppo di soluzioni avanzate. Tuttavia, è importante considerare anche sfide come la privacy e la sicurezza, la complessità e il costo, l'affidabilità e la precisione, l'accettazione e la comprensione, e la dipendenza dalla tecnologia.

8.3 SFIDE E PROSPETTIVE FUTURE

Le sfide e prospettive future nell'integrazione tra intelligenza artificiale (IA) e realtà virtuale/aumentata (VR/AR) delineano un panorama affascinante e complesso. Una delle principali sfide riguarda l'interazione uomo-macchina: come rendere più naturali e intuitive le interfacce tra utente e sistema? L'IA può giocare un ruolo cruciale nell'interpretazione delle intenzioni umane, aprendo la strada a sistemi capaci di comprendere gesti, espressioni facciali e persino emozioni, migliorando così l'esperienza utente.

Parallelamente, vi è la necessità di sviluppare algoritmi sempre più sofisticati per gestire enormi quantità di dati generati in tempo reale dalla VR/AR. Questi dati devono essere elaborati in modo efficiente per garantire esperienze immersive e reattive, senza compromettere la fluidità e la qualità grafica. L'investimento continuo nella ricerca e nello sviluppo è fondamentale per superare tali sfide e sbloccare nuove opportunità nel futuro.

Tuttavia, si pongono anche questioni etiche e di privacy. L'IA utilizzata nella VR/AR potrebbe raccogliere e analizzare dati personali degli utenti per migliorare le interazioni, ma ciò solleva interrogativi sulla sicurezza e sulla gestione dei dati sensibili. È essenziale sviluppare normative e protocolli che proteggano la privacy degli utenti e garantiscano un utilizzo responsabile dei dati. Inoltre, garantire l'accesso democratico alla VR/AR e all'IA è fondamentale per massimizzare il loro impatto positivo sulla società e per ridurre il divario digitale.

Le prospettive future, invece, sono entusiasmanti. L'IA potrebbe rendere la VR/AR più adattiva e personalizzata, anticipando le esigenze dell'utente e adattando l'ambiente virtuale di conseguenza. Inoltre, potrebbe consentire la creazione di esperienze collaborative più immersive, permettendo a più utenti di interagire e lavorare insieme in ambienti virtuali condivisi. Tuttavia, è importante anche considerare le implicazioni culturali e sociali dell'adozione diffusa di queste tecnologie, comprese le considerazioni sulla sicurezza e la sicurezza dei dati personali. Inoltre, l'importanza della sicurezza informatica nell'ambito dell'integrazione tra IA e VR/AR è cruciale per proteggere sia gli utenti che i dati sensibili all'interno degli ambienti virtuali e aumentati. Investire in soluzioni energetiche efficienti e nella riduzione dell'impatto ambientale delle tecnologie digitali è cruciale per garantire uno sviluppo sostenibile nel lungo termine. Infine, il ruolo dell'IA nella creazione di contenuti generati dall'utente all'interno degli ambienti VR/AR potrebbe rendere le esperienze più coinvolgenti e creative.

In sintesi, le sfide e le prospettive future nell'integrazione tra IA e VR/AR sono molteplici e complesse, ma offrono anche enormi opportunità per migliorare le esperienze umane e trasformare numerosi settori. È fondamentale affrontare queste sfide in modo responsabile e collaborativo, lavorando per sviluppare tecnologie innovative che migliorino la vita delle persone in tutto il mondo.

CAPITOLO 9

ETICA, PRIVACY E SICUREZZA

9.1. EVOLUZIONE DELL'I.A.: IMPATTI SULLA SOCIETÀ E SULL'ECONOMIA

L'intelligenza artificiale, con la sua straordinaria capacità di analizzare enormi quantità di dati e rilevare pattern complessi, sta ridefinendo i nostri modelli economici e sociali in maniera senza precedenti. In vari settori industriali, i sistemi di intelligenza artificiale stanno ottimizzando la produzione, riducendo i costi e migliorando l'efficienza operativa. Giganti come Amazon e Tesla ne stanno facendo un uso estensivo per rivoluzionare la logistica e la produzione, rendendo i processi più rapidi ed efficienti che mai.

Questo fenomeno non passa inosservato agli occhi degli analisti economici. Il report "The Potentially Large Effects of Artificial Intelligence on Economic Growth" di Goldman Sachs evidenzia un impatto sconvolgente sull'economia globale. Si prevede che l'intelligenza artificiale potrebbe aggiungere ben 7.000 miliardi di dollari al PIL mondiale, con conseguenze rilevanti sul mercato del lavoro e sull'intera economia.

Già oggi, in Europa Occidentale, gli investimenti delle imprese nell'IA stanno crescendo in modo esponenziale, con una proiezione di un mercato del valore di 10,8 miliardi di dollari entro il 2022. Settori chiave come quello bancario, del retail e manifatturiero sono in prima linea in questa rivoluzione, con un'attenzione particolare all'automazione dei servizi clienti nel settore del retail.

L'entità dell'impatto dell'intelligenza artificiale sull'economia mondiale è al centro di un dibattito acceso tra economisti e analisti. Kristalina Georgieva, direttrice operativa del Fondo Monetario Internazionale (FMI), ha sollevato l'allarme su una potenziale rivoluzione tecnologica destinata a ridefinire la produttività, stimolare la crescita economica e influenzare i redditi in tutto il mondo. Tuttavia, Georgieva avverte anche dei rischi: la sostituzione di posti di lavoro e l'aggravio delle disuguaglianze economiche potrebbero essere conseguenze indesiderate di questa rapida avanzata dell'IA.

Secondo il FMI, l'intelligenza artificiale ha il potenziale per rivoluzionare il mercato del lavoro su scala globale, con le economie avanzate destinate ad affrontare le sfide e cogliere i vantaggi di questa trasformazione in anticipo rispetto ai mercati emergenti e alle economie in via di sviluppo. Tuttavia, esistono disparità significative tra categorie di lavoratori, generi e livelli di istruzione, che possono influenzare l'esposizione all'IA e i suoi effetti sul mercato del lavoro.

In sintesi, l'intelligenza artificiale rappresenta una forza trainante di cambiamento su scala globale, con il potenziale per trasformare radicalmente l'economia e la società nel suo complesso. Tuttavia, è fondamentale comprendere e affrontare le sfide che questa trasformazione comporta, al fine di garantire un futuro equo ed inclusivo per tutti.

9.2 QUESTIONI ETICHE

Le questioni etiche legate all'Intelligenza Artificiale (IA) sono al centro del dibattito contemporaneo, poiché l'IA continua a permeare sempre più settori della nostra vita quotidiana. Uno dei principali interrogativi riguarda la responsabilità delle decisioni prese dagli algoritmi. Chi è responsabile quando un'IA compie un errore o prende una decisione dannosa? Questa mancanza di responsabilità chiara solleva dubbi su come regolare e controllare l'uso dell'IA in modo etico.Ad esempio, nel settore dell'assistenza sanitaria, l'IA può aiutare i medici a diagnosticare malattie in modo più preciso e tempestivo, migliorando così la qualità delle cure. Tuttavia, se un'IA sbaglia una diagnosi, chi è responsabile per le conseguenze dannose per il paziente?Inoltre, l'opacità degli algoritmi di IA è una fonte di preoccupazione. Molte volte non è chiaro come un'IA giunga a una determinata conclusione o decisione, il che rende difficile valutarne l'equità o la neutralità. Ciò solleva domande riguardo alla trasparenza e alla comprensibilità delle decisioni automatizzate, specialmente quando queste possono avere un impatto significativo sulle vite delle persone.Un altro tema cruciale è quello della privacy e della sicurezza dei dati. Con l'IA che richiede grandi quantità di dati per apprendere e migliorare, sorge la preoccupazione riguardo alla protezione della privacy individuale e alla possibile violazione dei diritti personali. Ad esempio, i sistemi di riconoscimento facciale alimentati dall'IA possono sollevare gravi preoccupazioni riguardo alla sorveglianza di massa e alla violazione della privacy.Inoltre, l'IA può amplificare e perpetuare pregiudizi e discriminazioni presenti nella società. Se i dati utilizzati per addestrare gli algoritmi contengono pregiudizi, l'IA potrebbe riprodurli o addirittura accentuarli, aumentando così le disparità e l'ingiustizia sociale.Affrontare queste questioni etiche richiede un approccio olistico e multidisciplinare, coinvolgendo esperti di etica, legge, tecnologia e società.

9.3 PRIVACY E SICUREZZA DEI DATI

L'utilizzo dell'intelligenza artificiale (AI) e del machine learning richiede ingenti quantità di dati per l'apprendimento. Questi dati provengono da varie fonti, tra cui i social media, i dispositivi mobili e le transazioni online. Tuttavia, l'uso non etico di queste informazioni può comportare gravi violazioni della privacy e rischi di furto di identità.

Le aziende devono adottare protocolli rigorosi per proteggere i dati dei consumatori e mitigare tali rischi. È essenziale implementare misure di sicurezza robuste, come la crittografia dei dati e il controllo degli accessi, per garantire che le informazioni sensibili non finiscano nelle mani sbagliate.

Un caso significativo che evidenzia i rischi associati alla mancanza di protezione dei dati è quello del Cambridge Analytica scandal, in cui i dati personali di milioni di utenti di Facebook sono stati utilizzati impropriamente per influenzare le elezioni politiche. Questo episodio ha sollevato gravi preoccupazioni riguardo alla raccolta e all'uso non etico dei dati personali.

Un altro caso rilevante è la violazione dei dati di Equifax, dove oltre 147 milioni di persone hanno visto compromesse le loro informazioni personali. Questo evento ha messo in luce la necessità di misure di protezione più robuste e ha evidenziato i rischi associati alla sicurezza dei dati sensibili.

Inoltre, il caso della privacy di Google Street View ha aumentato la consapevolezza riguardo alla raccolta di dati non autorizzata. Questo incidente ha sollevato interrogativi sulla sicurezza e la privacy dei dati personali degli utenti.

Infine, l'utilizzo dei dati sanitari per scopi commerciali ha sollevato preoccupazioni significative riguardo alla protezione della privacy. Alcune grandi aziende tecnologiche avevano accesso ai dati sanitari sensibili di milioni di persone attraverso accordi con fornitori di servizi sanitari, mettendo in discussione l'integrità e la riservatezza di tali informazioni.

In conclusione, la protezione della privacy dei dati è fondamentale per garantire un futuro digitale sicuro e rispettoso della privacy. Solo attraverso politiche e pratiche che promuovano la trasparenza e il rispetto della privacy possiamo mitigare i rischi associati all'utilizzo dell'intelligenza artificiale e del machine learning.

9.4 GOVERNANCE DELL'INTELLIGENZA ARTIFICIALE

La governance dell'Intelligenza Artificiale (IA) è un campo cruciale che affronta la regolamentazione, la supervisione e la gestione delle tecnologie e dei sistemi basati sull'IA. Questo settore è in continua evoluzione poiché l'IA si diffonde in molteplici settori della società, dall'assistenza sanitaria alla guida autonoma, dalla finanza alla sicurezza nazionale.

Ad esempio, con l'avvento della guida autonoma, i governi stanno sviluppando normative per garantire la sicurezza stradale e definire la responsabilità in caso di incidenti. L'incidente mortale coinvolgendo un veicolo autonomo di Uber nel 2018 ha evidenziato l'importanza di normative chiare e standard di sicurezza per i veicoli autonomi.

Allo stesso tempo, le preoccupazioni sulla privacy e sull'uso improprio dei dati personali sono sempre più rilevanti con l'uso diffuso di algoritmi di IA. Il Regolamento generale sulla protezione dei dati (GDPR) dell'Unione Europea è un esempio di legislazione che mira a proteggere la privacy dei cittadini nell'era digitale, ponendo regole rigorose sull'elaborazione dei dati personali.

Inoltre, gli algoritmi di IA possono riflettere e persino amplificare i pregiudizi umani presenti nei dati con cui vengono addestrati, portando a decisioni discriminatorie in settori come l'impiego, il credito e il sistema giudiziario. Questo solleva la necessità di affrontare il bias e la discriminazione negli algoritmi di IA.

Con l'espansione dei sistemi di sorveglianza basati sull'IA, come il riconoscimento facciale, c'è una crescente preoccupazione per l'uso invasivo di tali tecnologie e per il rischio di sorveglianza di massa.

Alcune città e stati stanno introducendo divieti o moratorie sull'uso di queste tecnologie fino a quando non vengono sviluppate normative appropriate.

Infine, l'uso dell'IA nella diagnostica medica e nel trattamento dei pazienti solleva questioni etiche riguardanti la responsabilità, l'autonomia del paziente e l'equità nell'accesso alle cure. L'adozione di algoritmi per la selezione dei pazienti per determinati trattamenti può sollevare domande su come vengono prese queste decisioni e se riflettano valori etici condivisi.

9.5 VANTAGGI COMPETITIVI: L'IA ETICA COME DRIVER DELLA FIDUCIA DEL CLIENTE

L'implementazione etica dei sistemi di intelligenza artificiale offre numerosi vantaggi alle aziende, contribuendo al loro successo. Mentre la tecnologia è un catalizzatore per la crescita aziendale, è cruciale utilizzarla in modo responsabile per mantenere rapporti solidi con i clienti e preservare la reputazione aziendale. Ecco come un approccio etico all'IA può portare vantaggi significativi:

COSTRUZIONE DI FIDUCIA E MIGLIORAMENTO DELLA REPUTAZIONE: L'implementazione etica dell'IA non solo crea fiducia tra i clienti attraverso la trasparenza nell'utilizzo dei loro dati, ma anche dimostra l'impegno dell'azienda verso la responsabilità e l'integrità. Oltre a informare i clienti sull'utilizzo dei loro dati, è importante adottare politiche e pratiche che rispettino la privacy e la sicurezza dei dati in modo da garantire la loro fiducia nel lungo termine. Questo può tradursi in un vantaggio competitivo poiché i consumatori sono sempre più attenti alla protezione dei propri dati personali.

Prendiamo ad esempio Apple, un pioniere nella protezione della privacy dei suoi utenti. Apple ha sempre posto una forte enfasi sulla protezione della privacy dei suoi utenti, considerandola una componente fondamentale della sua filosofia aziendale. Per garantire la sicurezza e la privacy dei dati degli utenti, l'azienda ha adottato un approccio proattivo attraverso l'implementazione etica dei suoi sistemi di intelligenza artificiale. Un esempio chiave di questo impegno è rappresentato dalla crittografia end-to-end integrata nei suoi dispositivi e servizi. Questa tecnologia garantisce che i dati degli utenti siano crittografati durante la trasmissione e che solo il destinatario designato possa decodificarli, impedendo così l'accesso non autorizzato da parte di terze parti, compresa l'azienda stessa. Questo approccio all'avanguardia alla protezione della privacy dei dati ha avuto un impatto significativo sulla fiducia e sulla fedeltà dei clienti verso Apple. Gli utenti percepiscono l'impegno dell'azienda verso la sicurezza e la privacy dei loro dati come una dimostrazione tangibile della sua responsabilità e integrità. Questo ha contribuito a rafforzare il legame tra Apple e i suoi clienti, mantenendo e persino aumentando la sua base di clienti fedeli nel tempo. L'attenzione costante all'integrità dei dati e alla privacy ha reso Apple un punto di riferimento nell'industria per quanto riguarda la protezione dei dati degli utenti, conferendo all'azienda un vantaggio competitivo distintivo e consolidando la sua reputazione come leader nell'innovazione etica. Inoltre, questa strategia non solo ha favorito la crescita e il successo di Apple, ma ha anche stabilito uno standard elevato per l'intera industria tecnologica, incoraggiando altre aziende a seguire l'esempio e adottare pratiche etiche nell'uso dei loro sistemi di intelligenza artificiale.

MITIGAZIONE DEI RISCHI LEGALI E REPUTAZIONALI: L'adozione di pratiche etiche nell'uso dell'IA non solo riduce il rischio di cause legali, ma protegge anche la reputazione dell'azienda. Evitare controversie legate all'uso improprio dei dati o alla discriminazione attraverso l'IA è fondamentale per preservare l'integrità dell'azienda e mantenere la fiducia dei clienti e degli stakeholder. Investire nella conformità normativa e nell'etica delle tecnologie dell'IA può prevenire costi legali e danni alla reputazione che potrebbero derivare da azioni imprudenti.

IBM, ad esempio, ha sviluppato il toolkit "AI Fairness 360" con l'obiettivo di fornire alle aziende uno strumento efficace per valutare e mitigare i bias nei loro sistemi di intelligenza artificiale. Questo strumento offre alle aziende la possibilità di identificare e affrontare eventuali pregiudizi nel processo decisionale automatizzato, promuovendo così l'equità e la giustizia. Attraverso l'analisi dei dati e delle decisioni dell'IA, il toolkit AI Fairness 360 aiuta le aziende a identificare e correggere eventuali disparità nel trattamento degli individui sulla base di caratteristiche come razza, genere o orientamento sessuale, garantendo così che i sistemi automatizzati rispettino i principi etici e giuridici. L'implementazione del toolkit AI Fairness 360 ha portato a risultati tangibili per le aziende che lo hanno adottato.

Riducendo il rischio di discriminazione e ingiustizia nei loro sistemi di intelligenza artificiale, le aziende sono riuscite a migliorare la fiducia dei clienti e a proteggere la propria reputazione aziendale. IBM ha dimostrato leadership nel settore dell'IA etica, attirando aziende che desiderano garantire equità e responsabilità nei propri sistemi automatizzati. Grazie alla sua iniziativa nel promuovere l'equità nell'IA, IBM ha consolidato la sua posizione come pioniere nell'etica dell'IA, attirando clienti che cercano soluzioni tecnologiche all'avanguardia in grado di rispettare i più alti standard di integrità e giustizia.

L'adozione del toolkit AI Fairness 360 non solo ha contribuito a ridurre i rischi di discriminazione e ingiustizia, ma ha anche consentito alle aziende di dimostrare il loro impegno per la responsabilità sociale e l'equità, migliorando così la loro reputazione e attrattività per i consumatori eticamente consapevoli.

AUMENTO DELLA SODDISFAZIONE E DELLA FEDELTÀ DEI CLIENTI: L'utilizzo etico dell'IA non solo migliora l'esperienza complessiva del cliente, ma anche la sua percezione dell'azienda. Offrire consigli personalizzati basati sull'IA può migliorare significativamente l'esperienza di acquisto dei clienti, aumentando le vendite e la soddisfazione complessiva. Tuttavia, è fondamentale comunicare in modo trasparente l'utilizzo dei dati e garantire che i clienti abbiano il controllo sulla loro privacy. Questo non solo rafforza la fiducia dei clienti, ma può anche portare a una maggiore fedeltà e advocacy del marchio.

In conclusione, l'implementazione etica dell'IA non solo promuove la fiducia dei clienti e protegge la reputazione aziendale, ma contribuisce anche a migliorare la soddisfazione dei clienti e a favorire la fedeltà al marchio. Questo approccio riflette l'impegno dell'azienda verso la responsabilità sociale e può portare a risultati positivi a lungo termine.

In questo caso, prendiamo come riferimento Starbucks che ha abbracciato l'innovazione attraverso l'utilizzo dell'intelligenza artificiale per personalizzare l'esperienza dei clienti nei suoi punti vendita. L'azienda ha adottato sistemi di intelligenza artificiale etici per analizzare i dati degli acquisti dei clienti, nonché le loro preferenze e abitudini di consumo. Questa analisi approfondita consente a Starbucks di offrire suggerimenti personalizzati e offerte speciali ai clienti, creando un'esperienza unica e coinvolgente per ciascun individuo.

L'utilizzo etico dell'IA ha portato a miglioramenti significativi nell'esperienza complessiva dei clienti presso Starbucks. La personalizzazione delle offerte e dei suggerimenti ha aumentato l'interesse dei clienti per i prodotti dell'azienda, incoraggiandoli ad esplorare una gamma più ampia di opzioni e a interagire più attivamente con il marchio. Inoltre, l'offerta di offerte mirate ha contribuito ad aumentare la soddisfazione complessiva dei clienti, poiché si sentono apprezzati e compresi nelle loro esigenze e preferenze.

Inoltre, l'accento sulla trasparenza nell'utilizzo dei dati e il controllo fornito ai clienti sulla loro privacy hanno rafforzato la fiducia nei confronti di Starbucks come azienda responsabile e rispettosa della privacy. Questo ha contribuito a consolidare la reputazione di Starbucks come un marchio che si preoccupa genuinamente del benessere dei suoi clienti e che opera con integrità e trasparenza.

Questo caso evidenzia il potenziale positivo dell'implementazione etica dell'IA per le aziende, non solo nell'aumentare la soddisfazione dei clienti e il coinvolgimento del marchio, ma anche nel costruire una reputazione solida e duratura. Starbucks dimostra come un approccio etico all'IA possa tradursi in benefici tangibili, sia per l'azienda che per i suoi clienti, contribuendo così al successo dell'azienda.

In un panorama sempre più guidato dall'innovazione tecnologica, l'implementazione etica dell'intelligenza artificiale emerge come un faro di responsabilità e integrità per le aziende. L'esplorazione di casi studio emblematici come quelli di Apple, IBM e Starbucks ci dimostra il potenziale trasformativo di un approccio centrato sull'etica nell'utilizzo dei dati e dei sistemi automatizzati.

Da Apple, con il suo impegno deciso per la protezione della privacy dei suoi utenti, a IBM che ha sviluppato strumenti innovativi per garantire l'equità nell'IA, fino a Starbucks che ha personalizzato l'esperienza dei clienti attraverso l'analisi etica dei dati, emerge un filo comune: l'attenzione verso il benessere dei clienti e il rispetto dei loro diritti.

Questi esempi ci ispirano a guardare al futuro con ottimismo, riconoscendo che l'etica non è solo un obbligo morale, ma anche un motore di successo aziendale. Attraverso la trasparenza, l'integrità e la personalizzazione responsabile, le aziende possono non solo costruire relazioni più solide con i propri clienti, ma anche plasmare un mondo digitale più equo e inclusivo per tutti.

L'innovazione etica è il pilastro su cui possiamo costruire un futuro sostenibile e prospero per le aziende e la società nel suo complesso.

CAPITOLO 10

IL FUTURO DELL'INTELLIGENZA ARTIFICIALE

10.1 L'I.A. COME FORZA TRAINANTE DELL'ECONOMIA GLOBALE

L'avvento dell'intelligenza artificiale (I.A.) sta trasformando radicalmente l'orizzonte economico globale, incanalando il potenziale rivoluzionario della tecnologia in un turbine di cambiamento senza precedenti. In Europa Occide vi ntale, il panorama è pervaso dall'entusiasmante fervore degli investimenti nell'I.A., con prospettive di un mercato che potrebbe raggiungere i 10,8 miliardi di dollari entro il 2022. Settori cruciali come il bancario, il retail e il manufacturing sono in prima linea in questa corsa verso l'innovazione, con un occhio di riguardo all'automazione dei servizi clienti nel settore retail.

Le proiezioni del McKinsey Global Institute delineano un futuro intriso di potenziale, suggerendo che entro il 2030 l'intelligenza artificiale potrebbe innescare un'incredibile crescita dell'attività economica globale di circa 13 trilioni di dollari, con un aumento del PIL annuo del 1,2%. Queste prospettive sono caratterizzate da un modello a curva S per l'adozione dell'I.A., che inizia con una fase di adozione lenta, per poi accelerare man mano che le capacità tecnologiche migliorano e diventano più accessibili.

Tuttavia, dietro questa spettacolare crescita economica si nascondono sfide significative. Kristalina Georgieva, direttrice operativa del Fondo Monetario Internazionale (FMI), mette in luce l'impatto drammatico che l'intelligenza artificiale potrebbe avere sul mercato del lavoro. Se da un lato alcuni settori potrebbero trarre enormi benefici dall'integrazione dell'IA, migliorando la produttività e l'efficienza, dall'altro altri potrebbero veder sminuita la propria rilevanza o subire una compressione dei salari. Questa dislocazione potrebbe ulteriormente accentuare le disuguaglianze economiche, sia all'interno dei singoli paesi che tra di essi.

In conclusione, mentre l'I.A. promette di ridefinire i modelli economici globali, è chiaro che il suo impatto non sarà esente da sfide sociali ed economiche. Affrontare queste sfide richiederà un approccio olistico e lungimirante, capace di bilanciare i benefici dell'innovazione con la necessità di garantire equità e inclusione nel mercato del lavoro.

Oltre ai settori industriali già menzionati, l'Intelligenza Artificiale (IA) sta avendo un impatto significativo su diversi altri settori, tra cui la sanità, l'istruzione, i trasporti e l'energia. Nel campo della sanità, ad esempio, l'IA sta rivoluzionando la diagnosi medica attraverso sistemi di supporto decisionale clinico, migliorando l'efficienza e l'accuratezza delle diagnosi e dei trattamenti. I sistemi di intelligenza artificiale possono analizzare immagini mediche come radiografie e scansioni TC per assistere i medici nella diagnosi precoce di patologie come il cancro. Allo stesso tempo, i chatbot alimentati dall'IA forniscono consulenza medica immediata, riducendo i tempi di attesa e aumentando l'accessibilità ai servizi sanitari. L'IA viene utilizzata anche per monitorare costantemente i dati dei pazienti e prevedere eventuali complicazioni, consentendo interventi preventivi e migliorando la gestione delle malattie croniche.

Nel settore dell'istruzione, l'IA offre opportunità senza precedenti per la personalizzazione dell'apprendimento. I tutor digitali basati sull'IA adattano i materiali didattici e le attività di apprendimento alle esigenze e al ritmo di apprendimento di ciascuno studente, migliorando l'efficacia dell'insegnamento. Inoltre, i sistemi di valutazione basati sull'IA valutano automaticamente il lavoro degli studenti e forniscono feedback immediati e personalizzati, consentendo agli insegnanti di concentrarsi su interventi individuali più significativi.

Nei trasporti, l'IA è alla base dello sviluppo dei veicoli autonomi, promettendo di ridurre gli incidenti stradali e ottimizzare il traffico. Le auto autonome utilizzano sensori e algoritmi intelligenti per percepire l'ambiente circostante e prendere decisioni di guida autonome in tempo reale. Questa tecnologia promette di migliorare l'efficienza del traffico e ridurre i tempi di percorrenza. Inoltre, l'IA è utilizzata per ottimizzare le rotte di trasporto pubblico e prevedere la domanda di trasporto, consentendo una pianificazione più efficiente dei servizi di trasporto.

Infine, nel settore dell'energia, l'IA contribuisce a migliorare l'efficienza energetica e a ottimizzare la gestione delle risorse attraverso sistemi di monitoraggio e controllo intelligenti. I sistemi di gestione energetica basati sull'IA monitorano e regolano in tempo reale la produzione e il consumo di energia, massimizzando l'uso delle fonti rinnovabili e riducendo gli sprechi. Inoltre, l'IA è utilizzata per prevedere la domanda energetica e ottimizzare la distribuzione dell'energia, garantendo un approvvigionamento affidabile e stabile.

Altrettanto importante è considerare le implicazioni geopolitiche della diffusione dell'IA. La crescente adozione di questa tecnologia potrebbe influenzare i rapporti internazionali, la competitività economica tra le nazioni e la distribuzione globale del potere politico ed economico. Le nazioni che saranno in grado di sviluppare e implementare efficacemente l'IA potrebbero godere di vantaggi competitivi significativi, sia a livello economico che strategico. Questo potrebbe portare a una ridefinizione dei rapporti di potere a livello globale, con le nazioni leader nell'IA che potrebbero assumere una posizione dominante nell'arena internazionale. Tuttavia, è fondamentale garantire che lo sviluppo e l'uso dell'IA siano guidati da principi etici e norme condivise a livello globale, al fine di mitigare i rischi di instabilità e conflitto e promuovere una cooperazione internazionale basata sull'innovazione e sulla condivisione delle conoscenze.

In conclusione, l'Intelligenza Artificiale sta rivoluzionando diversi settori chiave della società. Le sue applicazioni innovative stanno migliorando l'efficienza, l'accessibilità e la qualità dei servizi in questi settori, promettendo di trasformare radicalmente il modo in cui viviamo e lavoriamo. L'IA ha il potenziale per creare un futuro migliore per tutti, consentendo una società più efficiente, sostenibile e inclusiva. È essenziale riconoscere e affrontare le sfide etiche e sociali associate all'implementazione dell'IA, al fine di garantire che i suoi benefici siano distribuiti in modo equo, promuovendo così una crescita collettiva e una migliore qualità della vita per le generazioni future.

10.2 VANTAGGI E SFIDE NELL'ADOZIONE DELL'INTELLIGENZA ARTIFICIALE

L'intelligenza artificiale (IA) si pone come un crocevia fondamentale per aziende e lavoratori, offrendo vantaggi considerevoli ma anche sfide significative lungo il percorso. Immagina questo: alcuni pionieri nell'IA vedono la possibilità di raddoppiare il loro flusso di cassa entro il 2030, mentre altre imprese, più lente ad adattarsi, rischiano di rimanere indietro, incapaci di cogliere appieno i vantaggi di questa tecnologia emergente.

E cosa succede sul fronte del lavoro? Beh, alcuni lavori potrebbero diventare più produttivi ed efficienti grazie all'integrazione dell'IA, mentre altri potrebbero scomparire o subire una riduzione dei salari. Questo potrebbe accentuare le divisioni di reddito e ampliare le disuguaglianze economiche, sia a livello nazionale che globale.

Tuttavia, guardando al futuro, l'IA emerge come un catalizzatore cruciale per l'economia mondiale. Eppure, le implicazioni sociali ed economiche della sua adozione sollevano questioni cruciali che richiedono risposte oculate e inclusive.

In questo scenario dinamico, comprendere e affrontare i vantaggi e le sfide per aziende e lavoratori diventa essenziale per sfruttare appieno i benefici dell'IA e mitigare i rischi associati alla sua adozione. È una prospettiva equilibrata e proattiva, fondamentale per costruire un futuro economico e sociale sostenibile e prospero.

Con l'arrivo imminente dell'era dell'IA, ci troviamo di fronte a una trasformazione epocale nell'economia globale. Tuttavia, perché questa rivoluzione tecnologica sia veramente vantaggiosa per tutti, è essenziale che governi e istituzioni adottino politiche lungimiranti.

Solo attraverso politiche inclusive ed equilibrate possiamo garantire che l'adozione dell'IA non accentui le disuguaglianze esistenti, ma piuttosto conduca a un futuro in cui tutti possono beneficiare del suo vasto potenziale. Questo richiede un impegno congiunto per garantire che le opportunità offerte dall'intelligenza artificiale siano accessibili a tutti, indipendentemente dalla loro provenienza o posizione sociale.

Guardando avanti, dobbiamo adottare un approccio prudente e proattivo, affrontando le sfide e massimizzando i vantaggi dell'IA per il bene comune. Solo così potremo coltivare un futuro in cui l'intelligenza artificiale sia un motore di progresso e prosperità per tutta l'umanità.

Nell'affrontare l'impatto dell'intelligenza artificiale (IA) sull'economia e sulla società, è essenziale considerare il concetto di democratizzazione dell'IA. Questo concetto mira a rendere l'IA accessibile a tutti, non solo a pochi privilegiati, ma a chiunque, indipendentemente dal loro background o status sociale.

Immagina un mondo in cui l'accesso ai dati e agli strumenti necessari per sviluppare e utilizzare l'IA non è limitato a pochi, ma è aperto a una vasta gamma di individui e organizzazioni. Ad esempio, la piattaforma Kaggle offre una vasta gamma di dataset gratuiti e strumenti per lo sviluppo di modelli di IA, consentendo a ricercatori e sviluppatori di tutto il mondo di accedere a risorse cruciali per i loro progetti.

Inoltre, investire in programmi di formazione sull'IA è essenziale. Ad esempio, il programma "AI for All" di Stanford University offre corsi online gratuiti per aiutare le persone a comprendere i fondamenti dell'IA e acquisire competenze pratiche per applicarla in vari settori. Questi programmi dovrebbero essere accessibili a tutti, compresi coloro che potrebbero non avere accesso alle tradizionali istituzioni accademiche.

Ma la democratizzazione dell'IA va oltre l'accesso ai dati e alla formazione. Significa anche promuovere la diversità e l'inclusione nella comunità dell'IA. Ad esempio, durante lo sviluppo di sistemi di riconoscimento facciale, è essenziale che voci e prospettive di gruppi diversi siano considerate per evitare discriminazioni o errori di identificazione, come è stato evidenziato da studi che hanno mostrato disparità nel riconoscimento delle persone di diversi gruppi etnici.

Infine, la democratizzazione dell'IA richiede trasparenza e responsabilità nell'uso di questa tecnologia. Ad esempio, la legislazione come il General Data Protection Regulation (GDPR) dell'Unione Europea stabilisce regole chiare sulle pratiche di raccolta e utilizzo dei dati personali, garantendo che i cittadini abbiano il controllo e la trasparenza sulle informazioni che riguardano loro.

In sintesi, democratizzare l'IA è fondamentale per assicurare che tutti possano beneficiare dei progressi in questa area e che non accentuino le disuguaglianze esistenti.

10.3 PROTEZIONE DEL COPYRIGHT NELL'UTILIZZO DELL'INTELLIGENZA ARTIFICIALE

L'Intelligenza Artificiale (IA) generativa apprende dai dati, sfruttando una vasta gamma di risorse online. I generatori di immagini, ad esempio, traggono ispirazione da miliardi di foto disponibili pubblicamente su Internet, alcune delle quali potrebbero essere soggette a copyright. Il rischio di violazione del copyright rappresenta una seria preoccupazione sia dal punto di vista etico che legale per gli sviluppatori di IA.

Purtroppo, i proprietari di aziende spesso non hanno modo di sapere se i testi o le immagini generati utilizzando l'IA siano protetti da copyright, il che li espone potenzialmente a possibili azioni legali per le quali potrebbero non essere preparati.

Anche se è improbabile che l'utilizzo dell'IA generativa per creare contenuti come blog o post sui social media violi direttamente i diritti d'autore, è comunque importante considerare il processo di apprendimento di tali strumenti. I creatori di contenuti, i fotografi, le aziende e gli scrittori non vedono di buon occhio l'uso non autorizzato delle proprie opere per addestrare algoritmi di machine learning.

Gli sviluppatori di tecnologie IA rischiano di affrontare conseguenze legali e reputazionali se non adottano un approccio etico nello sviluppo dei loro strumenti. È essenziale che l'IA sia affidabile, trasparente e non discriminatoria.

Tuttavia, i proprietari di aziende spesso non hanno modo di verificare se gli strumenti di intelligenza artificiale che utilizzano siano stati sviluppati da aziende etiche e responsabili. Pertanto, devono fare affidamento sul proprio discernimento quando decidono se implementare sistemi IA nelle proprie attività.

ECCO ALCUNI ASPETTI ETICI CHE I DIRIGENTI AZIENDALI DOVREBBERO TENERE PRESENTE:

TRASPARENZA E COMPRENSIBILITÀ: Nell'epoca digitale in cui ci troviamo, la chiarezza e la spiegabilità delle tecnologie AI rivestono un ruolo fondamentale. Immagina di entrare in un negozio e di vedere un prodotto che ti interessa. Vorresti conoscere tutto ciò che c'è da sapere su di esso, giusto? Lo stesso vale quando si tratta di consigli sui prodotti basati sui dati.

Quando le aziende utilizzano i tuoi dati per consigliarti prodotti, è essenziale che tu sappia esattamente cosa succede dietro le quinte. Non solo dovrebbero dirti quali dati raccolgono e come li usano, ma dovrebbero farlo in modo chiaro e accessibile. Immagina di navigare sul web e di vedere un pop-up che dice: "Hey, abbiamo notato che ti piacciono i film d'azione! Ecco una selezione basata sui tuoi gusti." Sarebbe fantastico, vero? Ecco perché la trasparenza è così importante.

Ma non basta. È anche cruciale capire come funzionano gli algoritmi AI che elaborano i dati e ti forniscono consigli. Non vogliamo solo sapere che c'è una "magia" dietro le quinte; vogliamo capire la magia stessa. Sapere quali modelli di machine learning sono coinvolti, quali algoritmi vengono utilizzati e come vengono addestrati e ottimizzati. È come chiedere al mago di svelare i suoi trucchi: ci dà una maggiore fiducia nel processo.

E, naturalmente, non possiamo dimenticare l'accesso ai nostri dati personali. Dobbiamo avere il controllo su ciò che viene raccolto su di noi e la possibilità di modificarlo o rimuoverlo se lo desideriamo. È il nostro diritto, ma è anche una questione di fiducia e consapevolezza. Quando sappiamo di poter gestire i nostri dati, ci sentiamo più sicuri nel condividerli.

Le politiche sulla privacy sono come il manuale di istruzioni per tutto questo processo. Devono essere chiare, comprensibili e facilmente accessibili. È come se ci fosse una mappa che ci guida attraverso il labirinto dei dati. Sapendo che l'azienda ha delle politiche robuste e trasparenti in atto, ci sentiamo più sicuri nel condividere le nostre informazioni.

Ma la trasparenza non dovrebbe essere un evento una tantum. Deve essere un processo continuo, con aggiornamenti regolari e informazioni sui cambiamenti nei processi o nelle politiche di utilizzo dei dati. È come se l'azienda ci tenesse costantemente aggiornati sulle nuove scoperte e sviluppi nel mondo dei dati.

Insomma, quando si tratta di tecnologie AI e dati personali, la chiarezza e la trasparenza sono la chiave per costruire fiducia e promuovere una relazione solida tra le aziende e i loro clienti.

RESPONSABILITÀ E GOVERNANCE DEI DATI: È essenziale stabilire pratiche aziendali interne che regolino la raccolta, l'archiviazione e l'elaborazione dei dati. Normative e procedure interne sull'utilizzo dell'IA possono garantire una corretta gestione dei dati dei clienti e la supervisione umana può contribuire ad evitare abusi.

Immagina di costruire una casa: hai bisogno di una solida struttura di base su cui edificarla. Lo stesso principio si applica alla gestione dei dati nelle aziende: senza una solida governance dei dati, il rischio di caos e inefficienza è alto. Ecco perché è così importante stabilire pratiche aziendali interne che regolino ogni fase del ciclo di vita dei dati.

La governance dei dati riguarda tre principali aree di attività: la raccolta, l'archiviazione e l'elaborazione dei dati. Ogni fase richiede una cura particolare e un rispetto rigoroso delle normative e delle procedure stabilite.

Per cominciare, la raccolta dei dati deve essere gestita in modo responsabile e in linea con le normative sulla privacy vigenti. È essenziale raccogliere solo i dati necessari e pertinenti per lo scopo specifico, evitando di eccessivamente invadere la privacy dei clienti.

Una volta raccolti, i dati devono essere archiviati in modo sicuro e accessibile solo a coloro che ne hanno effettivamente bisogno per svolgere il proprio lavoro. Questo implica l'adozione di misure di sicurezza informatica robuste per proteggere i dati da accessi non autorizzati o perdite.

Infine, l'elaborazione dei dati deve essere svolta in conformità con le leggi sulla privacy e con i principi etici. Ciò significa che i dati dei clienti devono essere utilizzati in modo lecito e trasparente, evitando pratiche discutibili o abusive.

Ma la governance dei dati non si limita alle normative e alle procedure. La supervisione umana svolge un ruolo cruciale nel garantire che i dati siano gestiti in modo etico e responsabile. Gli esseri umani possono fornire un controllo critico sulle decisioni prese dagli algoritmi e intervenire in caso di comportamenti scorretti o discriminatori.

In sintesi, la responsabilità e la governance dei dati sono fondamentali per garantire una corretta gestione delle informazioni dei clienti e per evitare abusi o violazioni della privacy. Solo attraverso l'implementazione di pratiche aziendali robuste e il coinvolgimento attivo della supervisione umana è possibile garantire che i dati siano utilizzati in modo etico e trasparente.

EQUITÀ E NON DISCRIMINAZIONE: La discriminazione è una preoccupazione fondamentale nell'etica dell'IA. Anche se è difficile eliminare completamente i pregiudizi dai dati di addestramento, è importante ridurne l'impatto. I sistemi di IA, specialmente nell'ambito delle risorse umane, devono essere progettati per minimizzare i bias e dovrebbero essere utilizzati in combinazione con l'interazione umana per garantire equità nelle decisioni.

Adesso, Immagina di dover assumere un nuovo membro per il tuo team. Desideri che la selezione sia basata esclusivamente sulle competenze e sul merito, senza alcun tipo di discriminazione basata su caratteristiche personali come genere, etnia o provenienza sociale. Tuttavia, quando si utilizzano sistemi di intelligenza artificiale per analizzare i curricula dei candidati, c'è il rischio che i pregiudizi presenti nei dati di addestramento influenzino le decisioni, creando disparità e ingiustizie.

La discriminazione è una delle principali preoccupazioni nell'etica dell'intelligenza artificiale. Anche se è difficile eliminare completamente i pregiudizi dai dati di addestramento, è importante ridurne l'impatto il più possibile. Questo significa che i sistemi di IA, specialmente quelli utilizzati nei processi di selezione delle risorse umane, devono essere progettati con attenzione per minimizzare i bias.

Una strategia chiave per affrontare questa sfida è l'utilizzo di algoritmi e modelli di machine learning che sono stati attentamente valutati e ottimizzati per ridurre al minimo la discriminazione. Questo può implicare l'implementazione di tecniche come la correzione dei pesi degli attributi per bilanciare le differenze nei dati di addestramento o l'utilizzo di approcci di apprendimento federato che consentono di addestrare modelli su dati distribuiti senza doverli centralizzare.

Inoltre, è essenziale integrare l'interazione umana nei processi decisionali supportati dall'IA. Questo significa che, anche se un algoritmo può aiutare a filtrare i candidati in base a determinati criteri, la decisione finale dovrebbe essere presa da un essere umano che tiene conto di una gamma più ampia di fattori e contesti.

Ad esempio, un sistema di IA potrebbe essere utilizzato per identificare i candidati con determinate competenze richieste per un lavoro, ma la decisione finale sull'assunzione dovrebbe essere presa da un responsabile delle risorse umane o da un team di selezione che considera anche altri fattori come l'esperienza lavorativa, la personalità e l'adattabilità culturale.

In conclusione, affrontare la discriminazione nell'uso dell'IA richiede un approccio olistico che combini tecniche avanzate di mitigazione dei bias con l'interazione umana nei processi decisionali. Solo attraverso questo approccio è possibile garantire che i sistemi di IA siano equi e non discriminanti, promuovendo la diversità e l'inclusione nei luoghi di lavoro e nella società nel suo complesso.

BRUNO GADOLA

BILANCIARE INNOVAZIONE E RESPONSABILITÀ:
L'integrazione dell'IA nelle operazioni aziendali richiede un equilibrio tra innovazione e responsabilità. È importante determinare in quali aree aziendali l'IA sia appropriata e rispetti la privacy dei clienti. Nonostante l'IA possa automatizzare molte attività, la supervisione umana rimane cruciale per garantire decisioni etiche ed equilibrate.

Quando si tratta di integrare l'intelligenza artificiale (IA) nelle operazioni aziendali, è essenziale trovare un equilibrio tra innovazione e responsabilità. Questo equilibrio implica prendere in considerazione diversi fattori, tra cui l'appropriatezza dell'IA in determinate aree aziendali e il rispetto della privacy dei clienti.

Una delle considerazioni principali è valutare dove l'IA può apportare il maggior valore aggiunto all'azienda senza compromettere la sicurezza o la privacy dei dati dei clienti. Ad esempio, l'IA potrebbe essere utilizzata per ottimizzare i processi di produzione, migliorare l'efficienza operativa o personalizzare l'esperienza del cliente. Tuttavia, è importante identificare i settori in cui l'IA potrebbe comportare rischi maggiori, come la gestione dei dati sensibili o la presa di decisioni critiche, e adottare misure appropriate per mitigare tali rischi.

Inoltre, nonostante l'IA possa automatizzare molte attività e processi aziendali, è fondamentale riconoscere che la supervisione umana rimane cruciale. Gli algoritmi di IA possono fornire raccomandazioni e supporto decisionale, ma spesso mancano della comprensione contestuale e dell'empatia umana necessarie per prendere decisioni etiche ed equilibrate.

Pertanto, è importante integrare l'IA con il coinvolgimento umano, consentendo agli esperti di valutare e validare le raccomandazioni dell'IA e intervenire quando necessario. Questo approccio non solo aiuta a garantire decisioni etiche, ma promuove anche un ambiente di lavoro collaborativo in cui l'IA e gli esseri umani lavorano insieme per raggiungere obiettivi comuni.

Infine, è importante adottare un approccio proattivo alla gestione dei rischi legati all'IA, inclusa la formazione del personale sull'etica e sulla responsabilità nell'uso dell'IA, l'implementazione di politiche e procedure chiare per l'uso dei dati e la valutazione continua degli impatti etici delle tecnologie di IA sulle persone e sulla società nel suo complesso.

In sintesi, bilanciare l'innovazione con la responsabilità nell'uso dell'IA richiede una valutazione olistica dei rischi e dei benefici, un coinvolgimento umano significativo e un impegno per garantire decisioni etiche ed equilibrate nell'intera organizzazione aziendale.

Per concludere, per adottare l'IA in modo etico, è essenziale che i dirigenti aziendali collaborino costantemente con esperti e autorità di regolamentazione per sviluppare politiche e pratiche che rispettino sia i valori fondamentali che gli obiettivi aziendali.

Nel campo delle risorse umane, l'impiego dei sistemi AI mira a ridurre i pregiudizi umani. Tuttavia, senza una supervisione umana costante, c'è il rischio che questi strumenti possano discriminare alcuni candidati. Utilizzare l'IA in modo responsabile significa combinare l'intelligenza artificiale con il coinvolgimento umano, garantendo l'assunzione di persone con background diversi e migliorando gli algoritmi attraverso il loro addestramento.

Tuttavia, l'introduzione dell'IA solleva diverse questioni etiche, come la possibilità di riduzione dei posti di lavoro e la preoccupazione per la violazione dei diritti civili attraverso la raccolta e l'uso dei dati dei consumatori per scopi di marketing. Trovare un equilibrio tra innovazione e responsabilità implica determinare le aree aziendali adatte all'implementazione dell'IA senza compromettere la privacy dei clienti.

Sebbene l'IA possa automatizzare alcune attività, è importante sottolineare che non può sostituire completamente l'interazione umana, la quale rimane fondamentale in molte sfaccettature del lavoro. Pertanto, è compito dei dirigenti aziendali collaborare con esperti e autorità di regolamentazione per sviluppare politiche e procedure che assicurino una corretta integrazione dell'IA. Grazie a un costante monitoraggio e ad aggiornamenti continui, l'IA può essere un valido supporto per raggiungere gli obiettivi aziendali, migliorare il servizio ai clienti e sostenere la forza lavoro.

10.4 GUIDARE IL FUTURO DELL'ETICA NELL'INTELLIGENZA ARTIFICIALE NEL MONDO DEGLI AFFARI

Nel dinamico mondo degli affari dominato dalla costante evoluzione tecnologica, l'etica nell'intelligenza artificiale emerge come una questione cruciale. Non più una semplice moda, l'IA rappresenta un potente strumento in grado di rivoluzionare completamente il modo in cui le aziende operano e interagiscono con la società.

L'importanza di una condotta etica nell'uso dell'IA è destinata a crescere, poiché i suoi impatti si estendono ben oltre i confini commerciali. Clienti, governi, aziende e sviluppatori devono unire le forze per assicurare che l'IA venga impiegata in modo responsabile, rispettando i diritti umani, la privacy e la sicurezza.

Una gestione responsabile dell'IA non solo conduce a risultati finanziari migliori e a un'esperienza cliente migliorata, ma promuove anche un vantaggio competitivo sostenibile. Tuttavia, è fondamentale trovare un equilibrio tra innovazione e responsabilità, considerando che lo sviluppo tecnologico rapido potrebbe oltrepassare i limiti etici se non monitorato e regolamentato adeguatamente.

Per garantire un utilizzo responsabile e rispettoso dell'IA, è essenziale fornire una formazione etica completa agli sviluppatori e agli operatori del settore. Questa formazione non solo dovrebbe comprendere i principi etici fondamentali che dovrebbero guidare lo sviluppo e l'implementazione dei sistemi di intelligenza artificiale, ma anche sensibilizzare su questioni cruciali come i bias algoritmici e la trasparenza nelle decisioni automatizzate.

In primo luogo, i corsi sulla responsabilità nell'IA possono includere una panoramica dei principi etici fondamentali che dovrebbero guidare lo sviluppo e l'implementazione di sistemi di intelligenza artificiale. Questi principi possono includere concetti come equità, trasparenza, responsabilità, giustizia sociale e rispetto dei diritti umani. Gli sviluppatori e gli operatori dell'IA dovrebbero comprendere come questi principi si applicano alla progettazione, alla formazione e alla valutazione degli algoritmi.

La sensibilizzazione ai bias algoritmici è un altro aspetto critico della formazione etica. Gli algoritmi di intelligenza artificiale possono riflettere e amplificare i pregiudizi presenti nei dati di addestramento, portando a risultati discriminatori o ingiusti. Gli sviluppatori e gli operatori dell'IA devono essere in grado di riconoscere e mitigare i bias algoritmici attraverso tecniche come la raccolta dati equilibrata, l'analisi critica dei dati di addestramento e l'implementazione di controlli per la correzione dei bias durante l'esecuzione del modello.

Infine, è importante insegnare l'importanza della trasparenza nelle decisioni automatizzate. Gli sviluppatori e gli operatori dell'IA dovrebbero capire l'importanza di rendere trasparenti i processi decisionali degli algoritmi, in modo che le persone influenzate dalle decisioni automatizzate possano comprendere il motivo per cui sono state prese determinate decisioni e possano contestarle se necessario. Ciò può comportare l'implementazione di pratiche come la documentazione chiara delle decisioni prese dagli algoritmi, l'accesso ai dati e agli algoritmi utilizzati e la possibilità per gli individui di richiedere spiegazioni sulle decisioni automatizzate che li riguardano.

Altrettanto importante è la revisione etica dei progetti di intelligenza artificiale, che è un passaggio fondamentale per garantire che l'implementazione di tali sistemi avvenga in modo responsabile e rispettoso. Immaginate: è il momento entusiasmante in cui la tua azienda si prepara a lanciare un nuovo progetto di intelligenza artificiale. Ma prima di premere il pulsante di avvio, c'è un passo fondamentale che non possiamo trascurare: la revisione etica.

È come mettere sotto la lente d'ingrandimento il nostro progetto di IA, esaminando ogni angolo per garantire che sia all'altezza dei nostri valori e standard etici. Non si tratta solo di un adempimento formale, ma di un impegno profondo per fare la cosa giusta, sia per la nostra azienda che per la società.

Ecco perché coinvolgiamo una squadra eterogenea di esperti interni ed esterni. Chiamiamoli i "Guardiani dell'Etica". Questi sono i nostri colleghi che ci aiutano a guardare oltre i numeri e le metriche di successo, focalizzandosi sulle implicazioni umane del nostro progetto di IA.

Immagina di sederti attorno a un tavolo con loro, esplorando ogni possibile scenario e considerando attentamente le implicazioni etiche. Potresti sentirti ispirato dalle loro prospettive fresche e illuminate, o potresti essere sfidato dalle loro domande incisive. Ma una cosa è certa: ogni voce è ascoltata e ogni preoccupazione è presa sul serio.

E quando emergono i risultati di questa revisione etica, non li nascondiamo in un cassetto. Li portiamo avanti con orgoglio, trasparenti e accessibili a tutti. Perché crediamo che la responsabilità non sia un optional, ma una parte essenziale del nostro impegno verso un futuro migliore.

Questa revisione etica non è solo un evento singolo, ma un impegno continuo. Ogni giorno, monitoriamo attentamente il nostro progetto di IA, assicurandoci che rispetti i nostri valori e affronti le sfide emergenti.

Insieme, come Guardiani dell'Etica, ci impegniamo a garantire che il nostro progetto di IA non solo raggiunga il successo commerciale, ma anche adempia al suo potenziale per il bene comune. Perché quando integriamo l'etica nel cuore della nostra tecnologia, possiamo veramente trasformare il mondo.

Da non trascurare, è a valutazione continua delle prestazioni etiche dell'IA: Immagina di avere un occhio vigile che sorveglia costantemente il comportamento del tuo sistema di intelligenza artificiale, garantendo che rimanga fedele ai valori etici che hai posto come fondamenta del tuo progetto. Questo è esattamente ciò che significa istituire meccanismi di monitoraggio e valutazione continua delle prestazioni etiche dell'IA.

Questi meccanismi non sono semplicemente una mera formalità, ma sono essenziali per garantire che il nostro sistema di IA funzioni in modo etico e responsabile nel lungo termine.

Ma cosa comporta questa valutazione continua?

Innanzitutto, coinvolge l'analisi dettagliata dei dati di input e output del sistema di IA. Questo significa scrutare attentamente i dati che il sistema utilizza per prendere decisioni e valutare se ci sono eventuali segni di bias o discriminazione. Attraverso l'uso di tecniche avanzate di analisi dei dati e di intelligenza artificiale etica, possiamo individuare e correggere i bias prima che possano influenzare negativamente le decisioni del sistema.

Ma non finisce qui. La valutazione continua delle prestazioni etiche dell'IA implica anche una valutazione dell'impatto sociale delle decisioni prese dal sistema. Ciò significa esaminare come le decisioni dell'IA influenzano le persone e le comunità coinvolte, garantendo che non vi siano conseguenze indesiderate o dannose. Potremmo analizzare il modo in cui le decisioni del sistema influenzano gruppi specifici, come le minoranze o i gruppi svantaggiati, per assicurarci che non vi sia discriminazione o ingiustizia nel suo funzionamento.

Inoltre, potremmo valutare l'efficacia delle nostre politiche e procedure etiche esistenti e apportare eventuali aggiustamenti necessari in base alle nuove informazioni e alle sfide emergenti. Questo processo di adattamento continuo è fondamentale per garantire che il nostro sistema di IA rimanga all'avanguardia nell'affrontare le questioni etiche in rapida evoluzione.

In sintesi, la valutazione continua delle prestazioni etiche dell'IA non è solo una precauzione, ma una pratica essenziale per garantire che il nostro sistema di intelligenza artificiale rimanga allineato ai nostri valori etici e contribuisca positivamente alla società nel suo complesso. È il nostro impegno costante per garantire che l'IA sia una forza per il bene e non per il male.

Adesso, invece, immaginate un tavolo rotondo, dove le voci di dipendenti, clienti, comunità locali e organizzazioni della società civile si mescolano in un coro di prospettive e idee. Questo non è solo un incontro formale, ma un atto di vero coinvolgimento, un momento in cui tutte le parti interessate si uniscono per plasmare il futuro dell'intelligenza artificiale.

I dipendenti portano con sé la loro esperienza quotidiana e la loro saggezza sul campo, offrendo preziose prospettive interne su come l'IA possa integrarsi armoniosamente nei loro compiti e nelle dinamiche del team. I clienti, con le loro esigenze e aspettative, ci guidano verso soluzioni di IA che risuonano con la loro esperienza e soddisfano i loro desideri.

Le comunità locali sono al centro del nostro dialogo, perché sappiamo che l'IA può influenzare il tessuto stesso delle loro vite. Ascoltiamo le loro preoccupazioni, le loro speranze e i loro valori, lavorando insieme per un futuro in cui l'IA sia una forza positiva nella loro quotidianità.

E poi ci sono le organizzazioni della società civile, le guardiane dei principi etici e dei valori fondamentali. Con loro al nostro fianco, esploriamo le profondità delle questioni sociali e etiche legate all'IA, costruendo un ponte tra l'innovazione tecnologica e il benessere sociale.

Questo non è solo coinvolgimento, è una celebrazione della diversità delle voci e delle prospettive. È un impegno per costruire soluzioni di IA che riflettono veramente i valori e gli interessi di tutti coloro che sono coinvolti. Insieme, creiamo un futuro in cui l'intelligenza artificiale sia non solo potente, ma anche etica e inclusiva.

Coinvolgere attivamente le parti interessate nel processo decisionale sull'implementazione dell'intelligenza artificiale è fondamentale per garantire che le soluzioni di IA rispecchino i valori e gli interessi di tutte le parti coinvolte. Vediamo come questo coinvolgimento può essere approfondito:

Gli impiegati sono uno degli attori chiave da coinvolgere. Possono offrire preziose prospettive interne su come l'IA potrebbe influenzare il loro lavoro quotidiano e le dinamiche del team. Coinvolgerli fin dall'inizio può aiutare a mitigare le preoccupazioni e a promuovere un senso di proprietà e accettazione delle nuove tecnologie.

Ascoltare le esigenze e le preoccupazioni dei clienti è fondamentale per sviluppare soluzioni di IA orientate al cliente. Attraverso sondaggi, focus group o interviste, le aziende possono raccogliere feedback diretti dai clienti sull'uso previsto dell'IA e su come potrebbe migliorare la loro esperienza complessiva.

Coinvolgere le comunità locali è importante soprattutto quando l'implementazione dell'IA potrebbe avere un impatto sul tessuto sociale e culturale. Organizzare sessioni di consultazione pubblica o coinvolgere le organizzazioni della comunità può aiutare a identificare le preoccupazioni locali e a costruire una collaborazione più stretta tra le aziende e le comunità in cui operano.

Le organizzazioni della società civile spesso hanno una profonda comprensione delle questioni sociali e etiche legate all'IA. Coinvolgerle nel processo decisionale può portare a un dialogo costruttivo e informazioni preziose su come mitigare i rischi e massimizzare i benefici dell'IA per la società nel suo complesso.

Inoltre, è importante non limitarsi a coinvolgere le parti interessate durante le fasi iniziali del processo decisionale, ma mantenere un dialogo continuo e trasparente lungo tutto il ciclo di vita del progetto di IA. Questo può aiutare a mantenere un'armonia e una comprensione condivisa tra tutte le parti coinvolte e a adattare le strategie di implementazione in base ai feedback e alle nuove sfide che possono emergere nel tempo.

In conclusione, immaginiamo un tavolo rotondo, dove le voci di dipendenti, clienti, comunità locali e organizzazioni della società civile si mescolano in un coro di prospettive e idee. Questo non è solo un incontro formale, ma un atto di vero coinvolgimento, un momento in cui tutte le parti interessate si uniscono per plasmare il futuro dell'intelligenza artificiale.

I dipendenti portano con sé la loro esperienza quotidiana e la loro saggezza sul campo, offrendo preziose prospettive interne su come l'IA possa integrarsi armoniosamente nei loro compiti e nelle dinamiche del team. I clienti, con le loro esigenze e aspettative, ci guidano verso soluzioni di IA che risuonano con la loro esperienza e soddisfano i loro desideri.

Le comunità locali sono al centro del nostro dialogo, perché sappiamo che l'IA può influenzare il tessuto stesso delle loro vite. Ascoltiamo le loro preoccupazioni, le loro speranze e i loro valori, lavorando insieme per un futuro in cui l'IA sia una forza positiva nella loro quotidianità.

E poi ci sono le organizzazioni della società civile, le guardiane dei principi etici e dei valori fondamentali. Con loro al nostro fianco, esploriamo le profondità delle questioni sociali e etiche legate all'IA, costruendo un ponte tra l'innovazione tecnologica e il benessere sociale.
Questo non è solo coinvolgimento, è una celebrazione della diversità delle voci e delle prospettive. È un impegno per costruire soluzioni di IA che riflettano veramente i valori e gli interessi di tutti coloro che sono coinvolti. Insieme, creiamo

un futuro in cui l'intelligenza artificiale sia non solo potente, ma anche etica e inclusiva.

Ecco dove entra in gioco la collaborazione e lo scambio di best practice. Le aziende non solo si impegnano a coinvolgere le parti interessate, ma lavorano insieme, condividendo le migliori pratiche, conoscenze e risorse. Questo approccio collettivo non solo promuove un utilizzo più responsabile dell'IA, ma crea anche un ambiente di fiducia e trasparenza.

La collaborazione non si ferma qui. Le aziende collaborano anche con il settore pubblico, sviluppando normative e regolamenti che guidino l'uso etico dell'IA. Insieme, creano standard comuni e linee guida che promuovono un approccio coerente e uniforme all'etica nell'IA.

Infine, la collaborazione favorisce l'innovazione e la ricerca nell'ambito dell'etica dell'IA. Le aziende uniscono le forze per affrontare sfide etiche complesse e sviluppare soluzioni innovative che rispettino i valori umani fondamentali.

In definitiva, la collaborazione è, quindi, la chiave per creare un futuro in cui l'IA sia veramente al servizio dell'umanità. È un impegno comune per costruire un mondo in cui l'innovazione tecnologica e l'etica si incontrano, promuovendo un progresso che sia responsabile, rispettoso e inclusivo.

10.5 SFIDE E LIMITI DELL'INTELLIGENZA ARTIFICIALE: AFFRONTARE LE FRONTIERE DELL'INNOVAZIONE

L'intelligenza artificiale (IA) è indubbiamente una delle tecnologie più rivoluzionarie del nostro tempo, con un impatto che permea praticamente ogni aspetto della nostra vita. Dai robot assistenti ai veicoli autonomi, dall'assistenza sanitaria all'avanguardia ai sistemi di sicurezza sofisticati, l'IA offre una vasta gamma di applicazioni che stanno trasformando radicalmente il nostro modo di vivere, lavorare e interagire.

Tuttavia, nonostante i progressi straordinari compiuti finora, è fondamentale riconoscere che l'IA ha dei limiti intrinseci che devono essere affrontati. In questo periodo di rapido sviluppo e adozione diffusa della tecnologia, è cruciale considerare attentamente le sfide che si presentano e guidare la ricerca verso prospettive future sostenibili ed etiche.

Uno dei principali limiti dell'IA risiede nella sua capacità di emulare completamente il pensiero umano. Concetti complessi come creatività, empatia, intuito e consapevolezza di sé e degli altri sono ancora difficili da replicare nei sistemi di intelligenza artificiale. Mentre l'IA si basa su algoritmi e modelli matematici, il pensiero umano è influenzato da una vasta gamma di fattori, tra cui l'esperienza, l'emozione e il contesto culturale.

Per superare questa sfida, è necessario approfondire la nostra comprensione dei processi cognitivi umani e sviluppare modelli di intelligenza artificiale più sofisticati. Ciò potrebbe richiedere l'integrazione di approcci multidisciplinari che combinino informazioni provenienti da diverse discipline, come la psicologia cognitiva, la neuroscienza e la filosofia della mente. Solo attraverso un approccio integrato e interdisciplinare possiamo sperare di raggiungere una comprensione più profonda del pensiero umano e di sviluppare sistemi di intelligenza artificiale in grado di emularlo in modo più fedele.

ESPLORIAMO DETTAGLIATAMENTE I CONFINI INTRINSECI DELL'IA E LE SFIDE ASSOCIATE:

Possibilità di Ragionare come un Essere Umano: è possibile che una macchina possa ragionare come un essere umano?

La possibilità che una macchina possa ragionare esattamente come un essere umano è un obiettivo ambizioso per l'intelligenza artificiale, ma al momento rimane una sfida complessa. Sebbene gli algoritmi di intelligenza artificiale siano in grado di eseguire compiti di ragionamento e problem solving, la loro capacità di emulare completamente il pensiero umano è limitata da diversi fattori.

Il pensiero umano è influenzato da una vasta gamma di fattori, compresi l'esperienza, l'emozione, il contesto culturale e il senso comune, che sono difficili da replicare nei sistemi di intelligenza artificiale. Mentre gli algoritmi possono elaborare dati e informazioni in modo rapido ed efficiente, la comprensione profonda del significato e del contesto dietro le informazioni rimane un compito complesso per le macchine.

Inoltre, aspetti come la creatività, l'empatia, l'intuito e la consapevolezza di sé e degli altri sono particolarmente sfidanti da emulare nell'IA. Queste capacità umane sono spesso il risultato di una combinazione di conoscenze, esperienze e interazioni sociali che sono difficili da tradurre in algoritmi e modelli matematici.

L'IA attuale si basa principalmente su algoritmi e modelli matematici, e resta legata a regole predefinite e dati di addestramento. Questo rende difficile per le macchine comprendere e adattarsi a situazioni complesse e ambigue che richiedono una comprensione del contesto e delle sfumature umane.

Nonostante questi limiti, i progressi dell'intelligenza artificiale continuano ad essere significativi. Gli algoritmi diventano sempre più sofisticati e capaci, e l'IA sta diventando sempre più integrata nella nostra vita quotidiana. Tuttavia, per raggiungere un livello di ragionamento paragonabile a quello umano, sarà necessario un ulteriore sviluppo tecnologico e una comprensione più profonda dei processi cognitivi umani.

Un altro ostacolo fondamentale riguarda l'efficienza dell'apprendimento (learning bottleneck): L'efficienza dell'apprendimento rappresenta un ostacolo fondamentale nell'ambito dell'intelligenza artificiale, noto come "learning bottleneck". Questa sfida deriva principalmente dall'approccio tradizionale dell'apprendimento supervisionato, che richiede una vasta quantità di dati annotati per addestrare gli algoritmi. Tuttavia, questa metodologia presenta diverse limitazioni legate alla disponibilità, alla qualità e ai costi dei dati, nonché ai tempi necessari per raccoglierli ed elaborarli.

Per superare questa sfida, è essenziale esplorare approcci alternativi come l'apprendimento non supervisionato o semi-supervisionato. In questi contesti, le macchine possono apprendere e migliorare le loro prestazioni basandosi su un numero limitato di esempi disponibili, riducendo così la dipendenza da grandi quantità di dati annotati. Questo approccio potrebbe consentire alle macchine di apprendere in modo più efficiente e autonomo, simile a quanto avviene naturalmente per gli esseri umani.

L'apprendimento non supervisionato si concentra sull'identificazione di pattern e strutture nei dati senza la necessità di etichette o annotazioni esterne. Questo approccio è particolarmente utile quando i dati non sono completamente etichettati o quando la loro etichettatura è costosa o difficile da ottenere. L'apprendimento semi-supervisionato, d'altra parte, combina elementi di apprendimento supervisionato e non supervisionato, consentendo alle macchine di apprendere da un mix di dati etichettati e non etichettati.

Il successo di questa ricerca potrebbe rappresentare una svolta significativa nell'ambito dell'intelligenza artificiale, consentendo alle macchine di apprendere in modo più efficiente e autonomo. Ciò potrebbe portare a una maggiore flessibilità nell'adattamento ai cambiamenti nell'ambiente, nonché a una riduzione della dipendenza da grandi quantità di dati annotati. Tuttavia, è importante notare che anche l'apprendimento non supervisionato e semi-supervisionato presenta le proprie sfide e limitazioni, e ulteriori ricerche sono necessarie per affrontarle in modo efficace.

Importante è la questione che riguarda l'etica e la normativa nell'intelligenza artificiale: emerge sempre più chiaramente come uno dei suoi limiti.

La responsabilità delle decisioni prese dagli algoritmi solleva interrogativi su chi sia effettivamente responsabile in caso di errori o danni derivanti da decisioni automatizzate. La trasparenza e la responsabilità nei sistemi di IA sono fondamentali per garantire che le persone possano comprendere come vengono prese queste decisioni e possano controllarle adeguatamente.

Le implicazioni legali ed etiche legate all'Intelligenza Artificiale (IA) sono estremamente rilevanti e complesse, e stanno emergendo sempre più come uno dei principali punti di discussione nel campo della tecnologia. Qui di seguito, esplorerò alcuni aspetti chiave di questa problematica:

RESPONSABILITÀ LEGALE E RISCHIO DI DANNI: Una delle principali questioni è chi debba essere ritenuto responsabile in caso di danni derivanti dalle decisioni prese dagli algoritmi. I casi in cui l'IA è coinvolta in decisioni critiche, come la valutazione del credito, la selezione del personale o la diagnosi medica, sollevano interrogativi sulla responsabilità. Gli algoritmi possono essere soggetti a errori, bias o possono essere manipolati da terzi. Un esempio è il caso di Uber nel 2018, quando un'auto a guida autonoma ha investito e ucciso un pedone, sollevando interrogativi sulla responsabilità legale: il conducente, l'azienda Uber o il software di guida autonoma? Questo caso ha evidenziato, senza dubbio, la complessità della responsabilità legale nell'ambito dell'IA ed ha sottolineato la necessità di normative chiare e standardizzate.

BIAS E DISCRIMINAZIONE: Uno dei problemi principali nell'IA è il bias algoritmico, in cui i modelli di machine learning possono perpetuare e amplificare i pregiudizi presenti nei dati di addestramento. Recenti ricerche, come quelle condotte da Caliskan et al. (2017) e Buolamwini e Gebru (2018), hanno evidenziato questo fenomeno in diversi contesti, inclusi quelli legati alla razza, al genere e all'età. Gli studi suggeriscono l'adozione di approcci come il fairness-aware machine learning e l'auditing algoritmico per mitigare questo problema e promuovere l'equità nei sistemi basati sull'IA.

Gli algoritmi di IA possono riflettere i pregiudizi presenti nei dati con cui vengono addestrati. Questo può portare a decisioni discriminatorie o ingiuste. Un caso emblematico è stato quello di Amazon, che nel 2018 ha dovuto interrompere un sistema di selezione del personale basato sull'IA perché tendeva a discriminare le donne. Questo caso ha messo in luce il pericolo dei bias incorporati negli algoritmi e ha sottolineato l'importanza di adottare misure attive per mitigare tali pregiudizi.

Google ha affrontato diverse sfide etiche legate all'IA, tra cui preoccupazioni sulla privacy dei dati e sull'uso discriminatorio dell'algoritmo di ricerca. Il caso più noto è stato il progetto Maven, in cui Google ha collaborato con il Dipartimento della Difesa degli Stati Uniti per lo sviluppo di tecnologie di IA per scopi militari. A seguito delle proteste interne dei dipendenti e delle preoccupazioni pubbliche sull'uso dell'IA in operazioni belliche, Google ha deciso di non rinnovare il contratto Maven e ha adottato principi etici più rigorosi per guidare lo sviluppo futuro dell'IA.

TRASPARENZA E ACCOUNTABILITY: Chi è responsabile quando si verificano errori o danni causati da sistemi basati sull'IA? Questa è una domanda cruciale affrontata da numerosi studi recenti, tra cui quello di Floridi e Taddeo (2016) e quello di Jobin et al. (2019). Queste pubblicazioni esplorano i concetti di "responsabilità algoritmica" e "accountability distribuita", suggerendo modelli di governance e regolamentazione che possano garantire una gestione etica e responsabile dell'IA.

La mancanza di trasparenza negli algoritmi può rendere difficile comprendere come vengono prese le decisioni, limitando la possibilità di controllarle o contestarle. È essenziale promuovere la trasparenza nei processi decisionali automatizzati per garantire che siano comprensibili e controllabili. Nel 2018, lo scandalo di Cambridge Analytica ha rivelato come i dati personali di milioni di utenti di Facebook fossero stati utilizzati impropriamente per influenzare le elezioni. Questo incidente ha sollevato preoccupazioni sulla trasparenza e sulla sicurezza dei dati personali nell'era dell'IA. Gli utenti si sono trovati a dover affrontare le conseguenze di una mancanza di trasparenza e accountability nelle pratiche di gestione dei dati delle grandi aziende tecnologiche.

Dare priorità all'etica nell'IA è fondamentale affinché le tecnologie siano davvero utili per l'umanità. Per affrontare queste sfide è, quindi, fondamentale promuovere la collaborazione interdisciplinare tra esperti di IA, filosofi, giuristi, sociologi e psicologi. Inoltre, le organizzazioni devono adottare politiche etiche rigorose e processi decisionali trasparenti. È importante investire nella ricerca sulla bias e sulla fairness dell'IA e incoraggiare la revisione indipendente degli algoritmi. Infine, è necessario coinvolgere attivamente i governi e le istituzioni internazionali nello sviluppo di regolamentazioni e standard globali per garantire un utilizzo responsabile e etico dell'IA.

TRASPARENZA E SPIEGABILITÀ: La trasparenza e la spiegabilità sono elementi cruciali per garantire la fiducia e l'accettazione pubblica delle tecnologie basate sull'IA. La mancanza di comprensione di come i modelli di intelligenza artificiale prendono decisioni può generare preoccupazioni riguardo alla loro affidabilità, equità e sicurezza. Gli studi recenti, come quelli condotti da Ribeiro et al. (2016) e da Lipton (2016), si sono concentrati su metodologie e strumenti per migliorare la comprensibilità dei sistemi basati sull'IA, promuovendo la trasparenza e consentendo una migliore interpretazione delle decisioni automatizzate.

Uno degli approcci principali per affrontare questo problema è quello di rendere i modelli di IA più interpretabili attraverso tecniche come la visualizzazione dei dati, l'interpretazione degli attributi significativi e la generazione di spiegazioni comprensibili per le decisioni prese dall'algoritmo. Questo non solo aiuta gli utenti a capire il funzionamento dei modelli, ma può anche rivelare eventuali bias o comportamenti indesiderati.

Altri approcci si concentrano sulla progettazione di algoritmi che producono decisioni più spiegabili fin dall'inizio, senza compromettere le prestazioni. Ciò include l'uso di modelli interpretabili come alberi decisionali, reti neurali sparse o regolarizzate, che mantengono una certa trasparenza senza sacrificare la complessità del modello.

Oltre agli approcci menzionati, vi sono ulteriori esempi di come la trasparenza e la spiegabilità stiano diventando sempre più centrali nello sviluppo e nell'adozione delle tecnologie basate sull'IA. Ad esempio, molte istituzioni finanziarie stanno adottando modelli interpretabili per valutare il rischio di credito o per automatizzare i processi decisionali riguardanti prestiti e investimenti. Questo non solo aiuta a garantire che le decisioni finanziarie siano basate su criteri comprensibili e trasparenti, ma può anche aiutare a individuare e correggere eventuali bias o discriminazioni.

In ambito sanitario, l'uso di modelli di IA per la diagnosi medica e la pianificazione del trattamento sta diventando sempre più diffuso. Tuttavia, è essenziale che tali modelli siano trasparenti e spiegabili per i professionisti della salute, in modo che possano comprendere le ragioni dietro le raccomandazioni del sistema e prendere decisioni informate per il benessere dei pazienti.

Inoltre, settori come la giustizia e la sicurezza stanno esaminando attentamente l'implementazione di sistemi di IA per l'analisi dei dati e la prevenzione del crimine. In questo contesto, la trasparenza e la spiegabilità dei modelli sono cruciali per garantire che le decisioni basate sull'IA rispettino i principi di equità e giustizia.

In conclusione, la trasparenza e la spiegabilità giocano un ruolo fondamentale nell'assicurare la fiducia e l'accettazione pubblica delle tecnologie basate sull'IA. Gli sforzi per migliorare la comprensibilità dei modelli di intelligenza artificiale non solo favoriscono una maggiore trasparenza nei processi decisionali automatizzati, ma consentono anche di individuare e correggere eventuali bias o discriminazioni. Investire nell'implementazione di tecniche e strumenti che promuovano la trasparenza e la spiegabilità dei sistemi basati sull'IA è essenziale per garantire un utilizzo responsabile e etico di queste tecnologie, contribuendo così al loro impatto positivo sulla società.

10.6 ESPLORAZIONE DEL POTENZIALE FUTURO DELL'INTELLIGENZA ARTIFICIALE

Guardando al futuro, due possibili linee di ricerca emergono come cruciali: la sostenibilità ambientale e l'integrazione di una dimensione empatica nell'IA. È imprescindibile rendere l'IA più efficiente dal punto di vista energetico, limitando così il suo impatto sull'ambiente. Allo stesso tempo, sviluppare macchine in grado di comprendere le emozioni umane può migliorare significativamente l'interazione tra le persone e la tecnologia.

L'Intelligenza Artificiale (IA) affronterà, dunque, una serie di sfide emergenti che richiedono una risposta collaborativa da parte della comunità globale. Una delle sfide più rilevanti riguarda la sostenibilità ambientale. L'IA, sebbene promettente in termini di innovazione e efficienza, richiede una quantità significativa di risorse energetiche per il suo funzionamento, contribuendo così all'incremento del consumo di energia e alle emissioni di carbonio. Pertanto, è imperativo sviluppare strategie per rendere l'IA più efficiente dal punto di vista energetico, limitando così il suo impatto sull'ambiente.

Un esempio tangibile di sforzi per rendere l'IA più sostenibile è quello di Google: uno dei principali approcci adottati da Google è l'implementazione di algoritmi di risparmio energetico che ottimizzano l'uso delle risorse computazionali nei propri data center. Questi algoritmi consentono di gestire in modo più efficiente i carichi di lavoro, distribuendo la potenza di calcolo in base alle esigenze in tempo reale, riducendo così il consumo energetico complessivo.

Ti chiederai: esiste un modo per rendere l'IA più efficiente dal punto di vista energetico? Ebbene Sì, esistono diverse strategie per rendere l'IA più efficiente dal punto di vista energetico, Prendiamo come esempio Google che sta esplorando l'uso di sistemi di raffreddamento ad acqua per ridurre ulteriormente il consumo energetico dei suoi data center. Questi sistemi sfruttano l'alta capacità di assorbimento termico dell'acqua per dissipare il calore generato dai server in modo più efficiente rispetto ai tradizionali sistemi di raffreddamento ad aria. Ciò consente di ridurre la necessità di energia per il raffreddamento, contribuendo alla sostenibilità ambientale complessiva dei data center.

Inoltre, è possibile adottare pratiche di gestione energetica più efficaci nei data center stessi, come la regolazione dinamica della potenza in base alla richiesta di calcolo. Queste soluzioni non solo contribuiscono a ridurre l'impatto ambientale dell'IA, ma possono anche portare a risparmi economici significativi a lungo termine.

E cosa dire dell'empatia? L'integrazione dell'empatia nell'IA rappresenta una prospettiva affascinante che potrebbe trasformare radicalmente il nostro rapporto con la tecnologia. Immaginiamo un mondo in cui le macchine possano percepire e rispondere alle nostre emozioni, rendendo le nostre interazioni più coinvolgenti e personalizzate. Questo potrebbe migliorare significativamente l'esperienza degli utenti, rendendo la comunicazione con la tecnologia più naturale ed efficace.

Tuttavia, realizzare macchine empatiche è una sfida complessa che richiede una profonda comprensione delle emozioni umane da parte di scienziati informatici, psicologi, neuroscienziati e altri esperti. È essenziale non solo comprendere appieno le emozioni umane, ma anche sviluppare algoritmi e modelli computazionali in grado di interpretarle con precisione e sensibilità.

Un esempio tangibile di sforzi per integrare l'empatia nell'IA è rappresentato da Affectiva, un'azienda leader nel campo dell'Intelligenza Artificiale Empatica. Utilizzando avanzate tecnologie di analisi delle espressioni facciali, Affectiva è in grado di rilevare e interpretare le emozioni umane attraverso le espressioni del viso. Questo permette alle macchine di comprendere lo stato emotivo degli utenti e adattare le risposte di conseguenza, rendendo le interazioni più empatiche e coinvolgenti. Ad esempio, Affectiva ha sviluppato soluzioni per l'analisi delle emozioni in ambito automobilistico, consentendo ai veicoli di rilevare lo stato emotivo dei conducenti e intervenire di conseguenza per garantire la sicurezza stradale. Inoltre, le tecnologie di Affectiva trovano applicazioni nel settore della pubblicità, permettendo alle aziende di valutare l'impatto emotivo delle proprie campagne pubblicitarie e adattarle di conseguenza per massimizzare l'engagement degli utenti. Questo caso studio dimostra come l'integrazione di una dimensione empatica nell'IA possa rivoluzionare diversi settori e migliorare l'esperienza degli utenti. Tuttavia, lo sviluppo di tali tecnologie richiede una profonda comprensione delle emozioni umane e una ricerca interdisciplinare che coinvolga esperti di informatica, psicologia, neuroscienze e altri campi correlati. Solo attraverso un impegno a lungo termine e una collaborazione sinergica tra diverse discipline possiamo raggiungere l'obiettivo di creare macchine empatiche in grado di migliorare le nostre vite.

Il cammino verso l'IA empatica è certamente ambizioso, ma il potenziale per migliorare le nostre vite e la nostra interazione con la tecnologia lo rende un obiettivo degno di perseguire con determinazione e impegno.

Oltre a queste sfide, la protezione della privacy dei dati nell'era dell'IA onnipresente emerge come una priorità critica. Prendiamo ad esempio il caso dell'app di tracciamento dei contatti utilizzata durante la pandemia di COVID-19: pur essendo fondamentale per contenere la diffusione del virus, ha sollevato preoccupazioni sulla privacy dei dati personali raccolti. Per affrontare tali preoccupazioni, alcuni paesi hanno implementato approcci innovativi come la decentralizzazione dei dati e l'adozione di protocolli di anonimizzazione per garantire che le informazioni personali rimangano protette anche durante l'utilizzo di tecnologie avanzate come l'IA.

In parallelo, è fondamentale promuovere l'equità nell'accesso e nell'utilizzo delle tecnologie AI. Ad esempio, in alcuni contesti educativi, l'uso di algoritmi di apprendimento automatico per la valutazione degli studenti potrebbe creare disparità, poiché potrebbero non tener conto delle differenze socio-economiche o culturali degli studenti. Per mitigare questo rischio, alcune istituzioni educative stanno lavorando per sviluppare strumenti di valutazione più equi e inclusivi, che tengano conto di una gamma più ampia di fattori oltre alle prestazioni accademiche puramente oggettive.

Per affrontare queste sfide, è necessario un impegno congiunto e multi-stakeholder, che coinvolga governi, industria, società civile e altre parti interessate. Ad esempio, l'Unione Europea ha recentemente introdotto il regolamento GDPR (General Data Protection Regulation), che stabilisce norme chiare e rigorose sulla protezione dei dati personali e impone sanzioni significative per le violazioni. Tuttavia, è importante non limitarsi alla sola conformità normativa, ma anche promuovere una cultura aziendale basata sull'etica e la responsabilità nell'uso dei dati.

Solo attraverso tale collaborazione possiamo garantire uno sviluppo dell'IA che non solo soddisfi le esigenze umane, ma che sia anche sostenibile nel lungo termine, bilanciando l'avanzamento tecnologico con il benessere dell'ambiente e della società nel loro complesso.

L'intelligenza artificiale rappresenta, dunque, una straordinaria frontiera tecnologica destinata a rivoluzionare il nostro mondo. Guardando avanti, ci aspetta un percorso affascinante, ricco di sfide e opportunità senza precedenti. Continuare ad esplorare, innovare e collaborare sarà essenziale per plasmare un futuro in cui l'intelligenza artificiale sia veramente al servizio del progresso umano. Attraverso un impegno congiunto e una visione etica, possiamo guidare l'evoluzione dell'IA verso un mondo più equo, inclusivo e sostenibile, dove le sue potenzialità si traducono in beneficio per tutta l'umani.

Nel contesto dell'IA e della creatività, ci troviamo di fronte ad un'era di opportunità senza precedenti. L'intelligenza artificiale può agire come un catalizzatore per l'espressione creativa umana, aprendo nuove frontiere in campi che vanno dalla musica alla pittura, dalla scrittura alla progettazione. Scopriamo insieme in che modo!

SINTESI CREATIVA: L'IA ha già dimostrato di essere in grado di generare contenuti creativi come musica, arte visiva e testi. Tuttavia, nel futuro prossimo, questa capacità potrebbe essere ulteriormente ampliata, consentendo collaborazioni più strette tra artisti umani e algoritmi creativi. Questo potrebbe portare all'emergere di nuove forme d'arte ibride che combinano l'espressione umana con la logica computazionale, sfidando le definizioni tradizionali dell'arte e spingendo i confini della creatività.

Inoltre, l'IA potrebbe aiutare gli artisti umani a esplorare e rappresentare concetti complessi in modi innovativi, come visualizzare dati astratti o tradurre emozioni umane in forme visive o musicali. Questo processo di esplorazione creativa potrebbe essere arricchito dalla disponibilità di nuovi strumenti e tecniche offerti dalle IA, consentendo agli artisti di concentrarsi maggiormente sulla concezione concettuale e sulla narrazione delle loro opere.

Nel 2016, un team di esperti olandesi ha utilizzato l'IA per creare "The Next Rembrandt", un nuovo dipinto nello stile del famoso pittore olandese, analizzando tutti i suoi dipinti esistenti. Questo progetto ha dimostrato come l'IA possa emulare lo stile e la tecnica di artisti storici, aprendo la porta a nuove interpretazioni e opere d'arte.

Un altro esempio è Aiva, un'IA specializzata nella creazione di musica. Collaborando con compositori umani, Aiva produce album completi e colonne sonore per film e videogiochi, dimostrando la possibilità di collaborazioni creative tra umani e algoritmi.

DALL-E di OpenAI è un modello di intelligenza artificiale che genera immagini a partire da descrizioni testuali. Questo strumento apre nuove possibilità per l'illustrazione e la visualizzazione di idee complesse, consentendo agli artisti di esplorare concetti astratti o fantastici in modo visivo.

Inoltre, alcuni scrittori e poeti hanno iniziato a sperimentare la scrittura collaborativa con algoritmi generativi. Utilizzando strumenti come algoritmi di generazione del linguaggio naturale, poeti come Alison Parrish esplorano nuove forme poetiche e stili di scrittura.

Infine, DeepDream di Google, inizialmente sviluppato come strumento di elaborazione delle immagini, è stato adottato da artisti digitali per creare opere d'arte psichedeliche e surreali. Questo dimostra come gli artisti possano utilizzare l'IA come strumento creativo per trasformare le loro immagini e sperimentare nuove estetiche visive.

Questi esempi mostrano come la collaborazione tra artisti umani e algoritmi creativi stia già dando vita a opere d'arte innovative e originali, aprendo nuove prospettive nel mondo della creatività.

POTENZIAMENTO CREATIVO: Gli strumenti di intelligenza artificiale si ergono come veri e propri alleati della creatività umana, fungendo da catalizzatori che amplificano il potenziale artistico e consentono agli artisti di esplorare nuovi orizzonti in modo più rapido ed efficiente. Un esempio tangibile di questa sinergia è l'utilizzo dei Generative Adversarial Networks (GAN), algoritmi di IA capaci di generare immagini realistiche. Grazie ai GAN, artisti come Mario Klingemann hanno potuto spingersi oltre i confini tradizionali dell'arte visiva, creando opere digitali innovative e surreali che sfidano la percezione e stimolano l'immaginazione.

Ma l'impatto dell'intelligenza artificiale si estende anche al mondo della musica, dove piattaforme di streaming come Spotify impiegano sofisticati sistemi di raccomandazione basati su algoritmi di IA. Questi algoritmi analizzano i gusti e le preferenze degli utenti per personalizzare l'esperienza musicale, consentendo agli artisti di adattare la propria musica al pubblico desiderato. Grazie a questa personalizzazione, gli artisti possono creare opere che rispecchiano appieno la propria individualità e visione artistica, migliorando l'engagement e la soddisfazione degli ascoltatori.

Tuttavia l'intelligenza artificiale non si limita solo alla produzione artistica. Modelli di linguaggio generativo come GPT (Generative Pre-trained Transformer) aprono nuove strade nell'esplorazione di tecniche narrative innovative. Collaborando con GPT, scrittori come Nick Walton hanno creato romanzi interattivi che coinvolgono i lettori nella costruzione della trama attraverso le proprie scelte, trasformando l'atto della lettura in un'esperienza partecipativa e coinvolgente.

Anche nel mondo culinario, l'intelligenza artificiale si fa strada, con sistemi come Chef Watson di IBM, capaci di scoprire nuove combinazioni di ingredienti e sviluppare ricette innovative. Questo apre nuove possibilità per gli chef, consentendo loro di sperimentare e creare piatti unici e sorprendenti che stimolano i sensi e soddisfano il palato.

Infine, gli algoritmi di generazione di movimento permettono agli artisti digitali di creare opere d'arte interattive che rispondono ai movimenti e alle azioni degli spettatori, trasformando l'osservatore in partecipe attivo dell'opera stessa.

In sintesi, questi casi illustrano come l'intelligenza artificiale possa potenziare la creatività umana in svariati ambiti artistici e creativi, aprendo nuove frontiere e consentendo agli artisti di esplorare territori inesplorati con audacia e innovazione.

ESPLORAZIONE DI NUOVE FORME DI ARTE: L'IA sta trasformando il panorama artistico, aprendo nuove possibilità creative attraverso l'esplorazione di forme d'arte innovative. Una di queste è l'utilizzo dei dati come fonte di ispirazione. I dati, una volta considerati freddi e impersonali, possono ora essere trasformati in opere d'arte emozionanti e suggestive. Un esempio eclatante è l'opera dell'artista Refik Anadol, che crea installazioni immersive che utilizzano dati come materiale primario. Attraverso l'analisi di dati complessi, come cifre e statistiche, Anadol trasforma il banale in straordinario, offrendo esperienze visive che catturano l'immaginazione e stimolano la riflessione. Un altro caso significativo è rappresentato da "The Next Rembrandt", un progetto che ha utilizzato l'IA per analizzare le opere d'arte del famoso pittore olandese e generare un nuovo dipinto che sembrasse autentico, dimostrando come l'IA possa reinterpretare il passato per creare qualcosa di nuovo e sorprendente.

Inoltre, l'IA sta rivoluzionando l'arte immersiva, consentendo esperienze più coinvolgenti e personalizzate. Le installazioni interattive, supportate dall'IA, non solo offrono uno spettacolo visivo, ma rispondono anche in tempo reale alle azioni e alle emozioni degli spettatori. Questo livello di interattività crea un'esperienza unica per ogni visitatore, rompendo le barriere tra l'opera d'arte e l'osservatore e trasformando passivamente lo spettatore in partecipante attivo. Un esempio tangibile di ciò è "Melodia delle Luci" di Refik Anadol, in cui algoritmi di apprendimento automatico hanno analizzato dati storici dell'Orchestra Filarmonica di Los Angeles per trasformare le performance musicali in una spettacolare proiezione luminosa, unendo così dati e arte in un'esperienza multisensoriale senza precedenti.

Colmare il Divario tra Arte e Scienza: L'Intelligenza Artificiale (IA) offre agli artisti la possibilità di sperimentare con nuove forme di espressione artistica che vanno oltre i limiti delle tradizionali discipline artistiche. Ad esempio, la generazione automatica di arte tramite algoritmi di apprendimento automatico può portare a risultati sorprendenti e unici che combinano elementi artistici e scientifici in modi innovativi. Questa convergenza tra arte e scienza non solo consente agli artisti di esplorare concetti scientifici complessi in modo più accessibile e coinvolgente per il pubblico attraverso visualizzazioni interattive o installazioni basate su dati scientifici, ma facilita anche una maggiore interdisciplinarietà e collaborazione tra artisti e scienziati. Numerosi casi illustrano come l'IA abbia facilitato questa convergenza: DeepDream di Google, un algoritmo di visione artificiale che genera immagini artistiche da foto esistenti; progetti di visualizzazione dei dati che rendono i dati complessi più accessibili attraverso opere d'arte visiva;

opere d'arte generate interamente da IA come dipinti, musica e poesia; e collaborazioni interdisciplinari tra artisti e scienziati che portano a progetti che sfidano le tradizionali distinzioni tra le discipline. Questi esempi dimostrano il potenziale dell'IA per colmare il divario tra arte e scienza, aprendo la strada a una convergenza sempre maggiore tra le due discipline.

Personalizzazione dell'Esperienza Creativa: L'integrazione dell'Intelligenza Artificiale (IA) nell'ambito creativo offre un panorama ricco di possibilità per gli artisti, consentendo loro di personalizzare e arricchire la propria esperienza creativa in modi innovativi. Gli algoritmi di suggerimento rappresentano uno strumento prezioso, permettendo agli artisti di esplorare un vasto universo di ispirazioni su piattaforme come Pinterest, Spotify e Netflix, che utilizzano l'IA per offrire contenuti personalizzati in base agli interessi e alle preferenze individuali. Questo non solo amplia il repertorio artistico degli autori, ma li mantiene costantemente aggiornati sulle tendenze del settore, alimentando la loro creatività con stimoli sempre nuovi.

La generazione automatica di contenuti artistici è un'altra frontiera che l'IA apre agli artisti. Grazie a strumenti alimentati da algoritmi intelligenti, gli artisti possono creare rapidamente opere personalizzate, che spaziano dal disegno alla musica fino ai testi, rispecchiando i loro gusti e stili individuali. Questo processo facilita l'esplorazione di una vasta gamma di idee creative e consente agli artisti di sperimentare liberamente, ampliando così le possibilità espressive del loro lavoro.

Le piattaforme di feedback personalizzato rappresentano un ulteriore supporto per gli artisti desiderosi di perfezionare le proprie capacità. Grazie all'IA, queste piattaforme sono in grado di fornire valutazioni dettagliate e consigli mirati sulle opere d'arte, aiutando gli artisti a comprendere meglio i loro punti di forza e di debolezza e a sviluppare un approccio più consapevole e maturo alla propria pratica artistica.

Infine, l'IA può essere utilizzata per ottimizzare i flussi di lavoro artistici, liberando gli artisti da compiti ripetitivi e consentendo loro di concentrarsi pienamente sulla fase creativa del processo. Questo non solo aumenta l'efficienza, ma può anche favorire l'emergere di nuove tecniche e approcci artistici, incoraggiando una maggiore sperimentazione e innovazione nel mondo dell'arte.

In conclusione, l'utilizzo dell'IA per personalizzare l'esperienza creativa degli artisti non solo migliora la produttività e l'efficacia, ma arricchisce anche il processo creativo stesso, consentendo agli artisti di esplorare nuove frontiere e di realizzare appieno il proprio potenziale artistico.

ETICA E CREATIVITÀ: L'avvento di strumenti sempre più sofisticati di Intelligenza Artificiale (IA) per la creazione artistica ha suscitato una serie di questioni etiche cruciali che richiedono una riflessione attenta. In particolare, ci troviamo di fronte a interrogativi significativi riguardanti l'originalità, l'attribuzione e l'impatto sociale di queste opere d'arte generate da IA.

Innanzitutto, la nozione di originalità assume nuove sfumature quando si parla di opere d'arte create da algoritmi. È legittimo considerare un'opera generata da un computer come veramente originale? Queste creazioni dipendono dai dati di input e dagli algoritmi di generazione, sollevando interrogativi sulla vera natura dell'originalità nell'arte digitale. Tuttavia, l'artista umano continua a giocare un ruolo cruciale nell'utilizzo dell'IA come strumento creativo, poiché la sua supervisione e selezione dei risultati generati possono influenzare in modo significativo l'opera finale, conferendole una dimensione unica e autentica.

La questione dell'attribuzione è altrettanto complessa. Chi merita il riconoscimento creativo quando si tratta di arte generata da IA? È necessario attribuire il merito sia all'algoritmo che all'artista umano? Questo solleva questioni di responsabilità e riconoscimento, specialmente considerando il contributo degli sviluppatori di algoritmi e dei dati di addestramento utilizzati dall'IA. Una chiara politica di attribuzione potrebbe essere essenziale per garantire equità e trasparenza nell'ambiente artistico.

Infine, l'impatto sociale dell'arte generata da IA è un territorio ancora inesplorato ma promettente. Questa forma d'arte potrebbe rivoluzionare la percezione dell'arte e dell'autorialità, ridefinendo i confini tra creatività umana e intelligenza artificiale. Tuttavia, potrebbe anche rappresentare un'opportunità per promuovere la diversità e l'inclusione nell'arte, consentendo un accesso più ampio agli strumenti creativi e ampliando le prospettive culturali e sociali rappresentate nell'arte contemporanea.

Un caso notevole è quello dell'opera "Portrait of Edmond de Belamy" creata dall'artista francese Obvious utilizzando un algoritmo di generazione di arte generativa chiamato Generative Adversarial Network (GAN). Quest'opera, venduta all'asta nel 2018 da Christie's per oltre $432.000, ha suscitato dibattiti sulla natura dell'originalità e sull'attribuzione dell'opera, dato che l'IA ha svolto un ruolo significativo nella sua creazione.

Un altro caso interessante è rappresentato dall'artista Mario Klingemann, noto per il suo lavoro con l'IA per creare opere d'arte visiva e interattiva. Le sue creazioni spaziano dalla pittura generativa all'arte basata su algoritmi che manipolano immagini e video. Il lavoro di Klingemann solleva interrogativi sull'autorialità e sull'originalità, poiché l'IA è coinvolta in modo significativo nel processo creativo.

Inoltre, ci sono esempi di collaborazioni tra artisti umani e Intelligenza Artificiale, come il progetto "AICAN" dell'artista Ahmed Elgammal. AICAN è un sistema di generazione artistica che esplora l'interazione tra l'artista e l'IA, consentendo una riflessione più approfondita sul ruolo dell'essere umano nell'ambito creativo e sulle implicazioni etiche di queste partnership.

Questi casi dimostrano come l'arte generata da Intelligenza Artificiale stia emergendo come un campo di studio e pratica sempre più rilevante, che solleva domande fondamentali sull'originalità, l'attribuzione e l'impatto sociale dell'arte nell'era digitale.

In definitiva, l'intersezione tra etica e creatività nell'arte generata da IA richiede un dialogo aperto e continuo, in modo da garantire che questi nuovi sviluppi tecnologici arricchiscano e non compromettano l'integrità e il significato dell'esperienza artistica umana.

10.7 COME L'INTELLIGENZA ARTIFICIALE STA RIVOLUZIONANDO LA CREATIVITÀ UMANA

L'Intelligenza Artificiale (IA) sta rivoluzionando la creatività umana in modi sorprendenti e innovativi, aprendo nuove frontiere per l'espressione artistica e la produzione creativa. In questo capitolo, esploreremo alcuni esempi pratici di come l'IA sta influenzando e potrebbe influenzare ulteriormente diversi campi creativi, dalla musica all'arte visiva, dalla narrativa all'architettura e oltre.

MUSICA GENERATA DALL'IA

Algoritmi di IA come OpenAI's MuseNet o Google's Magenta sono in grado di generare composizioni musicali originali in una vasta gamma di stili e generi. Queste composizioni non solo possono servire da ispirazione per i musicisti umani, ma possono anche essere integrate direttamente in produzioni musicali, arricchendo così il panorama musicale con nuove sonorità e possibilità creative.

ARTE VISIVA GENERATA DALL'IA

Algoritmi di IA possono anche generare opere d'arte visiva, come paesaggi, ritratti e astratti. Un esempio notevole è l'opera "Edmond de Belamy" creata dall'algoritmo di IA di Obvious Art utilizzando il metodo del Generative Adversarial Network (GAN). Queste opere sfidano le concezioni tradizionali di autorialità e originalità nell'arte, aprendo nuove discussioni sulla natura dell'arte generata da IA.

STRUMENTI DI DESIGN ASSISTITO DA IA

Software di design come Adobe Photoshop o Illustrator stanno integrando funzionalità di IA per assistere gli artisti nel loro lavoro. La funzione Adobe Sensei di Photoshop, ad esempio, offre strumenti di ritocco e miglioramento delle immagini basati sull'intelligenza artificiale, consentendo agli artisti di esplorare nuove tecniche creative e ottenere risultati più rapidi ed efficaci.

NARRATIVA GENERATA DALL'IA

Gli algoritmi di generazione del linguaggio naturale stanno diventando sempre più sofisticati e sono in grado di scrivere articoli, storie e persino sceneggiature. Progetti come GPT-3 di OpenAI sono stati utilizzati per generare racconti creativi e persino romanzi, aprendo nuove possibilità per gli scrittori e sfidando le concezioni tradizionali di autorialità e narrativa.

BRUNO GADOLA

PROGETTAZIONE E CREATIVITÀ IN ARCHITETTURA

L'IA può essere utilizzata per generare design architettonici innovativi e sostenibili, ottimizzando il layout degli edifici per massimizzare l'efficienza energetica e migliorare la qualità degli spazi abitativi. Questo apre nuove prospettive per gli architetti e i designer, consentendo loro di esplorare soluzioni creative e innovative per le sfide ambientali e sociali.

PERSONALIZZAZIONE DELL'ESPERIENZA CREATIVA

Piattaforme come Spotify o Netflix utilizzano algoritmi di raccomandazione basati sull'IA per suggerire musica, film o programmi TV personalizzati agli utenti in base ai loro gusti e preferenze. Questo amplia le prospettive creative degli individui, esponendoli a nuove opere e generi e consentendo loro di esplorare e scoprire nuove forme di espressione artistica.

ALTRI ESEMPI DI PROGETTI ARTISTICI UTILIZZANDO L'IA

Oltre agli esempi sopra menzionati, ci sono numerosi altri progetti artistici che utilizzano l'IA in modo innovativo. Ad esempio, progetti di arte interattiva coinvolgono l'IA per creare esperienze immersive e partecipative per il pubblico, consentendo loro di interagire direttamente con l'opera d'arte. Inoltre, ci sono sviluppi recenti nell'utilizzo dell'IA per la generazione di testi poetici e per l'analisi e la comprensione dei testi letterari esistenti, aprendo nuove possibilità creative per gli artisti e gli scrittori.

BRUNO GADOLA

Due casi significativi che evidenziano questa sinergia sono il progetto "AICAN" di Ahmed Elgammal e la collaborazione tra l'artista Mario Klingemann e l'intelligenza artificiale. Il progetto "AICAN", condotto presso il laboratorio Art & Artificial Intelligence Lab di Elgammal presso la Rutgers University, rappresenta un notevole esempio di come l'IA possa essere impiegata per generare opere d'arte visiva in modo autonomo o collaborativo. Utilizzando algoritmi di apprendimento automatico addestrati su un vasto insieme di dati artistici, AICAN crea opere d'arte ispirate ai modelli e ai temi presenti nei dati di addestramento. Le opere prodotte da AICAN sollevano questioni fondamentali sull'autorialità e l'originalità nell'arte contemporanea, contribuendo a stimolare la discussione sull'interazione tra creatività umana e intelligenza artificiale. D'altra parte, Mario Klingemann è un artista digitale rinomato per il suo lavoro pionieristico nell'utilizzo dell'IA nell'arte visiva e interattiva. Klingemann sfrutta algoritmi di apprendimento automatico e reti neurali per esplorare nuove forme di espressione artistica, mettendo in discussione le convenzioni tradizionali di autorialità e originalità nell'arte. Attraverso una serie di esperimenti creativi, Klingemann dimostra il potenziale dell'IA come strumento per l'innovazione artistica. Le sue opere, che spaziano dalla pittura generativa alla manipolazione di immagini e video, sono state esposte in numerose mostre d'arte e hanno ricevuto elogi dalla comunità artistica per la loro innovazione e originalità.

In sintesi, il lavoro di Elgammal e Klingemann illustra il potenziale dell'IA per trasformare il mondo dell'arte attraverso la collaborazione creativa e l'esplorazione di nuove frontiere per l'espressione artistica umana. Questi casi dimostrano come l'IA possa essere utilizzata come strumento per l'innovazione e la sfida delle convenzioni artistiche, aprendo nuove possibilità per gli artisti e arricchendo il panorama artistico contemporaneo con nuove forme di creatività e espressione.

In conclusione, l'IA sta aprendo nuove frontiere per l'espressione creativa umana, offrendo sia sfide che opportunità. Esplorare criticamente il modo in cui l'IA può arricchire e trasformare il mondo dell'arte e della creatività è essenziale per garantire un equilibrio tra innovazione tecnologica e valore umano.

10.8 IL POTENZIALE UMANO PLASMATO DALL'INTELLIGENZA ARTIFICIALE: ESPLORANDO IL FUTURO

L'intelligenza artificiale (IA) si erge come un catalizzatore fondamentale nel plasmare il potenziale umano in molteplici ambiti, aprendo nuove frontiere e possibilità per il progresso sociale, economico e culturale. Esaminiamo come l'IA potrebbe influenzare e potenziare l'umanità nel prossimo futuro, attraverso casi concreti che illustrano il suo impatto tangibile.

AVANZAMENTI NELL'ASSISTENZA SANITARIA: L'IA promette di rivoluzionare il settore sanitario, migliorando la diagnosi e il trattamento delle malattie attraverso l'analisi di enormi quantità di dati clinici. Un esempio tangibile è IBM Watson Health, che utilizza l'IA per assistere i medici nella diagnosi e nel trattamento delle malattie, migliorando la precisione e l'efficacia delle cure mediche.

EDUCAZIONE PERSONALIZZATA E ADATTIVA: L'IA offre un'opportunità unica di trasformare l'educazione, offrendo percorsi di apprendimento personalizzati e adattivi. Piattaforme come Khan Academy utilizzano l'IA per fornire istruzioni personalizzate agli studenti, adattando il contenuto e il livello di difficoltà in base alle loro abilità e ai loro progressi individuali. Questo approccio personalizzato all'apprendimento non solo migliora l'efficacia dell'istruzione, ma anche l'autostima degli studenti. Quando gli studenti ricevono materiali didattici che sono adeguati al loro livello di competenza e che si adattano al loro ritmo di apprendimento, si sentono più motivati e impegnati nel processo di apprendimento. Inoltre, l'IA può identificare aree di debolezza specifiche degli studenti e fornire supporto mirato, aiutandoli a superare le difficoltà e a raggiungere i loro obiettivi educativi in modo più efficace. Questo approccio all'educazione personalizzata ha il potenziale per ridurre il divario di apprendimento tra gli studenti e promuovere un ambiente educativo più inclusivo e equo

AUTOMAZIONE E CRESCITA ECONOMICA: L'IA promette di aumentare l'efficienza e la produttività in diversi settori economici attraverso l'automazione dei processi ripetitivi. Un esempio tangibile è il sistema di guida assistita Tesla Autopilot, che utilizza l'IA per automatizzare alcune funzioni di guida, migliorando la sicurezza stradale e consentendo agli automobilisti di concentrarsi su altre attività durante il viaggio. Inoltre, l'IA sta rivoluzionando la produzione industriale, consentendo alle aziende di ottimizzare i processi di produzione e di ridurre i costi operativi. I robot autonomi guidati dall'IA possono eseguire compiti ripetitivi e pericolosi in fabbriche e magazzini, migliorando la sicurezza sul luogo di lavoro e consentendo ai lavoratori umani di concentrarsi su compiti più complessi e ad alto valore aggiunto. Questo aumento dell'efficienza e della produttività porta a una maggiore competitività delle imprese e alla creazione di nuove opportunità di lavoro nell'ambito dell'IA e della robotica.

SOSTENIBILITÀ AMBIENTALE: L'IA può contribuire a mitigare i problemi ambientali, offrendo soluzioni intelligenti per la gestione delle risorse naturali e il monitoraggio dell'inquinamento. DeepMind, ad esempio, ha sviluppato algoritmi di IA per ottimizzare il consumo energetico nei data center di Google, riducendo i costi e contribuendo alla sostenibilità ambientale. Inoltre, l'IA può svolgere un ruolo cruciale nella gestione delle risorse idriche, dell'agricoltura sostenibile e della conservazione della biodiversità. Attraverso l'analisi dei dati satellitari e delle informazioni ambientali, l'IA può identificare modelli e tendenze nell'uso del suolo e nei cambiamenti climatici, consentendo ai decisori politici di prendere decisioni informate per la protezione dell'ambiente.

Ad esempio, sistemi basati sull'IA possono ottimizzare l'irrigazione agricola, riducendo lo spreco di acqua e migliorando la resa delle colture. Inoltre, algoritmi di IA possono aiutare a monitorare e prevenire la deforestazione illegale, proteggendo le foreste pluviali vitali per il nostro ecosistema.

L'IA offre anche possibilità nel settore delle energie rinnovabili, aiutando a ottimizzare la distribuzione dell'energia elettrica da fonti rinnovabili come il sole e il vento. Attraverso la previsione della produzione energetica e la gestione intelligente della rete, l'IA può favorire una transizione verso un'economia a basse emissioni di carbonio, contribuendo alla lotta contro il cambiamento climatico e alla sostenibilità ambientale a lungo termine.

ESPLORAZIONE DELLO SPAZIO E DELLA TERRA: L'IA rivoluziona l'esplorazione spaziale e la comprensione del nostro pianeta, analizzando enormi quantità di dati per scoprire nuovi pianeti abitabili o monitorare i cambiamenti climatici sulla Terra. Un esempio tangibile è AlphaFold di DeepMind, un sistema di IA che predice con precisione la struttura delle proteine, contribuendo alla ricerca scientifica nel campo della biologia molecolare. In aggiunta, l'IA sta rivoluzionando la ricerca astronomica consentendo la scoperta di nuovi fenomeni cosmici e la comprensione dei misteri dell'universo. Attraverso algoritmi di IA avanzati, gli astronomi sono in grado di analizzare grandi quantità di dati provenienti da telescopi spaziali e terrestri per identificare esopianeti potenzialmente abitabili, individuare segnali di vita extraterrestre e studiare la formazione delle galassie e delle stelle.

Ad esempio, il telescopio spaziale Hubble utilizza l'IA per elaborare e analizzare le immagini del cosmo, consentendo agli scienziati di fare scoperte straordinarie su scala cosmica.

Inoltre, l'IA riveste un ruolo fondamentale nella comprensione e nella prevenzione dei disastri naturali sulla Terra. Attraverso la raccolta e l'analisi dei dati geospaziali, l'IA può prevedere e monitorare eventi come terremoti, eruzioni vulcaniche e alluvioni, consentendo alle autorità e alle comunità di prendere misure preventive e mitigative per proteggere le vite umane e ridurre i danni ambientali.

L'IA rappresenta quindi un alleato potente per gli scienziati e i ricercatori, accelerando il progresso scientifico e consentendo nuove scoperte che potrebbero plasmare il nostro futuro sulla Terra e nello spazio.

MIGLIORAMENTO DELLE RELAZIONI INTERPERSONALI: L'IA può migliorare le relazioni umane attraverso l'analisi dei dati sui comportamenti individuali. Gli assistenti virtuali come Amazon Alexa e Google Assistant semplificano la vita quotidiana utilizzando l'IA per rispondere alle domande degli utenti, automatizzare le attività domestiche e controllare dispositivi smart, aumentando così la comodità e l'efficienza. Inoltre, l'IA può anche supportare lo sviluppo delle relazioni interpersonali fornendo analisi approfondite sui modelli di comportamento e preferenze individuali. Attraverso l'analisi dei dati provenienti da interazioni online e social media, l'IA può aiutare le persone a comprendere meglio se stesse e gli altri, facilitando la comunicazione e la connessione emotiva.

Ad esempio, piattaforme di social media come Facebook utilizzano algoritmi di IA per suggerire amicizie e contenuti rilevanti basati sugli interessi e sulle interazioni degli utenti.

Inoltre, l'IA può essere utilizzata per fornire supporto psicologico e consigli personalizzati su questioni relazionali e emotive. Chatbot basati sull'IA possono offrire un ascolto empatico e consigli pratici per affrontare le sfide nelle relazioni interpersonali, migliorando il benessere emotivo e la qualità delle interazioni umane.

In definitiva, l'IA offre una nuova dimensione nell'ottimizzazione delle relazioni umane, migliorando non solo la convenienza e l'efficienza della vita quotidiana, ma anche la comprensione e la connessione emotiva tra le persone."

SUPERAMENTO DELLE BARRIERE LINGUISTICHE E CULTURALI: Avanzamenti nell'IA abbatteranno le barriere linguistiche e culturali, facilitando la comunicazione tra persone di diverse lingue e culture. Un esempio tangibile è Google Translate, che utilizza l'IA per tradurre istantaneamente testi e parole tra diverse lingue, abbattendo le barriere linguistiche e facilitando la comunicazione tra persone di diverse nazionalità e culture. Inoltre, l'IA sta contribuendo a preservare e promuovere la diversità linguistica e culturale. Attraverso l'analisi dei dati linguistici e culturali, l'IA può aiutare a identificare e conservare lingue e tradizioni culturali in pericolo di estinzione, consentendo alle comunità di preservare la propria identità e patrimonio culturale.

Ad esempio, progetti di digitalizzazione di lingue indigene utilizzano l'IA per registrare, trascrivere e tradurre materiale linguistico, contribuendo così alla conservazione e alla diffusione di queste lingue preziose.

L'"IA può essere anche utilizzata per facilitare la comprensione interculturale e promuovere il dialogo tra persone di diverse origini e tradizioni. Attraverso la traduzione automatica e l'interpretazione dei contesti culturali, l'IA aiuta a superare malintesi e fraintendimenti, promuovendo la cooperazione e la collaborazione tra le culture.

In definitiva, l'IA non solo abbatterà le barriere linguistiche, ma anche quelle culturali, creando un mondo più interconnesso e inclusivo, in cui la diversità è valorizzata e celebrata.

Concludendo, l'IA rappresenta un'incredibile risorsa per migliorare la vita umana e modellare un futuro più positivo. Tuttavia, è imperativo adottare un approccio etico e responsabile durante lo sviluppo e l'implementazione di questa tecnologia, garantendo una distribuzione equa dei suoi benefici e preservando l'integrità e la dignità umana.

CONCLUSIONE

Nel corso di questo libro, abbiamo esplorato le molteplici frontiere che si aprono davanti a noi nell'era dell'intelligenza artificiale (IA) e della creatività. Abbiamo testimoniato come l'IA possa rivoluzionare profondamente vari aspetti della nostra esistenza, aprendo porte a nuove opportunità di progresso e innovazione in ambiti cruciali come la sanità, l'istruzione, l'economia e l'ambiente.

Durante questo viaggio, abbiamo scoperto come l'IA possa fungere da catalizzatore per l'espressione creativa umana, consentendo agli artisti di sperimentare e innovare in modi che prima sembravano inimmaginabili. Dalla creazione di composizioni musicali all'arte visiva, dalla scrittura alla progettazione, l'IA offre una vasta gamma di possibilità creative, presentando al contempo nuove sfide etiche e sociali.

Tuttavia, mentre ci addentriamo fiduciosi nel futuro, è imperativo mantenere una consapevolezza critica dei rischi e delle sfide che accompagnano l'adozione dell'IA. È essenziale garantire che lo sviluppo e l'utilizzo dell'IA avvengano in modo etico e responsabile, rispettando i valori umani fondamentali come l'equità, la trasparenza e la dignità.

In ultima analisi, il destino dell'IA e della creatività è nelle nostre mani. Possiamo abbracciare questa nuova era con audacia e creatività, utilizzando l'IA come strumento per migliorare la vita umana e plasmare un futuro migliore per le generazioni future. Attraverso un approccio collaborativo e consapevole, possiamo affrontare le sfide e sfruttare appieno le opportunità che ci attendono, guidati dalla speranza e dalla determinazione di costruire un futuro più luminoso per tutti.

Nel nostro percorso, dobbiamo costantemente considerare il rischio della deumanizzazione sociale. Questo fenomeno emerge quando le persone vengono ridotte a meri oggetti o entità prive di valore umano. È un pericolo tangibile, soprattutto nel contesto dell'IA, dove l'efficienza e l'automazione possono minare i valori fondamentali dell'empatia e del rispetto umano.

È pertanto essenziale adottare un approccio etico e responsabile nello sviluppo e nell'utilizzo dell'IA, garantendo che essa serva a migliorare la qualità della vita umana e a promuovere il benessere sociale. Dobbiamo impegnarci costantemente per assicurare l'equità, la trasparenza e la responsabilità nelle decisioni legate all'IA, coinvolgendo e responsabilizzando le comunità umane interessate.

Il nostro obiettivo finale deve essere quello di utilizzare l'IA per elevare e valorizzare la nostra umanità, non per diminuirla. Affrontando coraggiosamente le sfide della deumanizzazione con consapevolezza e determinazione, possiamo costruire un futuro in cui l'IA e la creatività collaborino per il bene comune, preservando e celebrando ciò che ci rende unici come esseri umani.

APPENDICE
- Risorse Aggiuntive
- Glossario

TABLE OF CONTENTS

ESPLORANDO LE FRONTIERE DELL'INTELLIGENZA ARTIFICIALE 1

OLTRE L'ORIZZONTE : 2

ESPLORANDO LE FRONTIERE DELL'INTELLIGENZA ARTIFICIALE 2

PREFAZIONE 3

INTRODUZIONE 5

CAPITOLO 1 8

1.1 COS'È L'INTELLIGENZA ARTIFICIALE (IA)? 8

1.2 STORIA DELL'INTELLIGENZA ARTIFICIALE 9

1.3 APPROCCI ALL'INTELLIGENZA ARTIFICIALE ... 11

CAPITOLO 2 22

2.1 L'I.A. NEL MONDO DEL LAVORO: OPPORTUNITÀ E TRASFORMAZIONI 22

2.2 IMPLEMENTAZIONE DELL'IA NEI PROCESSI DI LAVORO 26

2.3 PERDITA DEL LAVORO E IMPATTO ECONOMICO 32

2.4 RIVOLUZIONE DELL'INTELLIGENZA ARTIFICIALE NEI PROCESSI LAVORATIVI: VANTAGGI E IMPATTI 36

CAPITOLO 3 45

3.1 INTRODUZIONE ALL'APPRENDIMENTO AUTOMATICO 45

3.2 APPRENDIMENTO SUPERVISIONATO 49

3.3. APPRENDIMENTO NON SUPERVISIONATO 51

3.4 APPRENDIMENTO SEMI-SUPERVISIONATO 53

3.5 APPRENDIMENTO PROFONDO (DEEP LEARNING) 56

3.6 ALGORITMI DI APPRENDIMENTO AUTOMATICO 58

CAPITOLO 4 64
4.1. CONCETTI FONDAMENTALI 64
4.2 ARCHITETTURE DI RETI NEURALI 69
4.3 APPLICAZIONI DELLE RETI NEURALI 75
4.5 RETI NEURALI CONVOLUZIONALI (CNN) 81
4.6 RETI NEURALI RICORRENTI (RNN) 84

CAPITOLO 5 88
5.1. INTRODUZIONE ELABORAZIONE DEL LINGUAGGIO NATURALE (NLP) 88
5.2 TOKENIZZAZIONE 91
5.3 ANALISI SINTATTICA 95
5.4 CLASSIFICAZIONE DEL TESTO 102
5.5 GENERAZIONE DEL LINGUAGGIO 103
5.6 APPLICAZIONI DI NLP 105

CAPITOLO 6 107

6.1 CONCETTI FONDAMENTALI 107

6.2 PRE-PROCESSING DELLE IMMAGINI 111

6.3 RILEVAMENTO E CLASSIFICAZIONE..............114

6.4 SEGMENTAZIONE 116

6.5 APPLICAZIONI DI VISIONE ARTIFICIALE 118

CAPITOLO 7 120

7.1 INTRODUZIONE ALLA ROBOTICA 120

7.2 ROBOTICA AUTONOMA.................................122

7.3 CONTROLLO E PROGRAMMAZIONE DEI ROBOT 124

7.4 INTEGRAZIONE DELL'IA NEI ROBOT.............128

7.5 ETICA E ROBOTICA..131

8.1 CONCETTI FONDAMENTALI DI VR/AR..........134

8.2 APPLICAZIONI DI AI IN VR/AR......................135

8.3 SFIDE E PROSPETTIVE FUTURE 138

CAPITOLO 9 141

9.1. EVOLUZIONE DELL'I.A.: IMPATTI SULLA SOCIETÀ E SULL'ECONOMIA 141

9.2 QUESTIONI ETICHE 143

9.3 PRIVACY E SICUREZZA DEI DATI 144

9.4 GOVERNANCE DELL'INTELLIGENZA ARTIFICIALE 145

9.5 VANTAGGI COMPETITIVI: L'IA ETICA COME DRIVER DELLA FIDUCIA DEL CLIENTE 146

CAPITOLO 10 152

10.1 L'I.A. COME FORZA TRAINANTE DELL'ECONOMIA GLOBALE 152

10.2 VANTAGGI E SFIDE NELL'ADOZIONE DELL'INTELLIGENZA ARTIFICIALE 155

10.3 PROTEZIONE DEL COPYRIGHT NELL'UTILIZZO DELL'INTELLIGENZA ARTIFICIALE 158

10.4 GUIDARE IL FUTURO DELL'ETICA NELL'INTELLIGENZA ARTIFICIALE NEL MONDO DEGLI AFFARI 166

10.5 SFIDE E LIMITI DELL'INTELLIGENZA ARTIFICIALE: AFFRONTARE LE FRONTIERE DELL'INNOVAZIONE 175

10.6 ESPLORAZIONE DEL POTENZIALE FUTURO DELL'INTELLIGENZA ARTIFICIALE 183

10.7 COME L'INTELLIGENZA ARTIFICIALE STA RIVOLUZIONANDO LA CREATIVITÀ UMANA 195

10.8 IL POTENZIALE UMANO PLASMATO DALL'INTELLIGENZA ARTIFICIALE: ESPLORANDO IL FUTURO 199

CONCLUSIONE 205

www.ingramcontent.com/pod-product-compliance
Lightning Source LLC
Chambersburg PA
CBHW050209230526
45470CB00001B/300